Rapid Modeling Technology for Automatic Gun Dynamics Model Based on Adams Macro and Python

基于Adams宏与Python的自动炮动力学模型快速建模技术

丁传俊　宁春交　李　浩
尹　强　夏秋华　刘光勇　陈文君　著

北京理工大学出版社
BEIJING INSTITUTE OF TECHNOLOGY PRESS

内 容 简 介

使用多体动力学软件 Adams 中的宏与 Python 编程接口可以大幅度地提高建模效率。本书主要讨论 Adams 宏和 Python 在自动机与供输弹装置动力学模型快速建模方面的具体应用。

全书共分为 7 章，第 1 章简要地介绍了 Adams 宏与 Python 基础知识，第 2 ~ 5 章介绍了四种不同类型供输弹装置的动力学建模过程，第 6 章介绍了导气式转膛自动机的单发与连发动力学建模过程，第 7 章介绍了转管自动机的连发动力学建模过程，它们均为作者利用 Adams 宏与 Python 成功解决装备快速动力学建模问题的实例。

本书可以作为从事自动武器设计的研发人员的重要参考，也可以作为高等工科院校火炮与自动武器及相关专业学生的参考书籍。

图书在版编目(CIP)数据

基于 Adams 宏与 Python 的自动炮动力学模型快速建模技术 / 丁传俊等著. -- 北京 : 北京理工大学出版社, 2023.6

ISBN 978 - 7 - 5763 - 2478 - 5

Ⅰ. ①基… Ⅱ. ①丁… Ⅲ. ①火炮 - 动力学 - 计算机仿真 - 应用软件 Ⅳ. ①TJ301 - 39

中国国家版本馆 CIP 数据核字(2023)第 110287 号

出版发行 / 北京理工大学出版社有限责任公司
社　　址 / 北京市海淀区中关村南大街 5 号
邮　　编 / 100081
电　　话 / (010) 68914775 (总编室)
　　　　　(010) 82562903 (教材售后服务热线)
　　　　　(010) 68944723 (其他图书服务热线)
网　　址 / http://www.bitpress.com.cn
经　　销 / 全国各地新华书店
印　　刷 / 三河市华骏印务包装有限公司
开　　本 / 787 毫米 × 1092 毫米　1/16
印　　张 / 9.25
彩　　插 / 1
字　　数 / 158 千字
版　　次 / 2023 年 6 月第 1 版　2023 年 6 月第 1 次印刷
定　　价 / 58.00 元

责任编辑 / 徐　宁
文案编辑 / 李思雨
责任校对 / 周瑞红
责任印制 / 李志强

前　言

随着军工企业之间竞争的不断加剧和计算机辅助分析技术的飞速发展，一个合格的装备结构设计师若不具备必要的动力学建模与仿真能力，那么，他就不可能在新产品的研发工作中做到“游刃有余”。

Adams 是一款性能优异的多体动力学建模与分析软件，可以用于解决军工机械产品的动力学建模与仿真问题，特别是在新产品研发阶段，使用 Adams 软件完成运动学和动力学验证，可以大幅度提升工作效率、降低产品开发成本，尤其是时间成本。另外，Adams 软件内部提供了宏与 Python 编程接口，设计者若善于利用这些建模工具，则可以为装备复杂功能的检测提供解决思路。

基于以上考虑，我们企业立项开展了“××装备动力学模型快速建模技术研究”项目。该项目的研究目标是：立足于本单位的实际研发需求，开发装备动力学建模教程和快速建模代码，以方便企业内部研发人员快速掌握和应用装备动力学建模技术。本书即为该项目的研究成果之一。

全书共分为 7 章，第 1 章简要地介绍了 Adams 宏与 Python 基础知识，第 2 ~ 5 章介绍了四种不同类型供输弹装置的动力学建模过程，第 6 章介绍了导气式转膛自动机的单发与连发动力学建模过程，第 7 章介绍了转管自动机的连发动力学建模过程，它们均为作者利用 Adams 宏与 Python 成功解决装备快速动力学建模问题的实例。学习快速建模技术的读者可以采用 1 + X（其余章节）的阅读模式，而不必逐一研究各个章节。

本书的第 1 章由丁传俊、尹强撰写，第 2 ~ 5 章由丁传俊、夏秋华撰写，第 6

章由李浩、刘光勇执笔，第 7 章由宁春交、陈文君执笔。本书的撰写得到了公司市场部总监邓琴江、科技管理办公室副总工苏晓鹏和特种装备研究所罗定、杨勇、袁卫、吴永国、谢延明、张义春、王智愚、王蓉、高娟等人的大力支持和帮助；出版过程中还得到了公司领导王方龙和黄江等人的肯定和鼓励，在此感谢他们。

本书作为作者多年来从事自动机与供输弹装置动力学建模工作的最新研究成果，体现出 Adams 宏和 Python 在快速建模方面的高效性和先进性。本书不仅可以作为从事自动武器设计的研发人员的重要参考，也可以作为高等工科院校火炮与自动武器及相关专业学生的参考书籍。由于作者能力和视野有限，书中难免存在错误和不足之处，恳请读者和专家们批评指正。

丁传俊、宁春交、李浩 等

2022 年 12 月 22 日

目　录

第1章　基于 Adams 宏与 Python 的建模技术原理 1
1.1　Adams 宏命令简介 1
1.1.1　宏命令的编辑窗口 1
1.1.2　宏命令的查询方法 3
1.1.3　宏命令的基本规范 4
1.1.4　宏命令的一些字符规则 5
1.1.5　宏命令参数值的表达式与 EVAL( )计算函数 6
1.2　基于 Adams 宏命令的条件与循环结构 7
1.2.1　IF/END 条件判断结构 7
1.2.2　WHILE/END 条件循环 8
1.2.3　FOR/END 条件循环 9
1.3　Adams Python 建模简介 11
1.4　宏命令与 Python 混合编程的范例 13
1.5　基于 Adams 宏与 Python 的快速建模技术简介 16
第2章　无链供弹软导引装置动力学模型快速建模技术 19
2.1　节片式软导引的结构原理与动力学仿真目标 19
2.1.1　节片式软导引的结构原理 19
2.1.2　节片式软导引动力学仿真的目标 21
2.2　节片式软导引的动力学快速建模过程与结果分析 21

2.2.1 节片式软导引动力学建模的关键点 21
2.2.2 节片式软导引动力学模型的快速建立过程 22
2.2.3 极限后坐位移和极限扭转角度下软导引过弹通畅性分析 30
2.2.4 零部件之间的摩擦属性对软导引过弹通畅性的影响 33
2.3 矩形框式软导引的结构原理与动力学仿真目标 35
2.3.1 矩形框式软导引的结构原理 35
2.3.2 矩形框式软导引动力学仿真的目标 37
2.4 矩形框式软导引的动力学快速建模过程与结果分析 37
2.4.1 矩形框式软导引动力学建模的关键点 37
2.4.2 矩形框式软导引动力学模型的快速建立过程 37
2.4.3 矩形框式软导引过弹通畅性分析 42
第 3 章 链传动弹箱动力学模型快速建模技术 43
3.1 链传动弹箱的结构原理与动力学仿真目标 44
3.1.1 链传动弹箱的结构原理 44
3.1.2 链传动弹箱动力学仿真的目标 45
3.2 链传动弹箱的动力学快速建模过程与结果分析 46
3.2.1 链传动弹箱动力学建模的关键点 46
3.2.2 链传动弹箱动力学模型的快速建立过程 46
3.2.3 额定驱动力矩下链传动弹箱的动态通畅性分析 53
3.2.4 首尾链节的连接刚度对弹箱供弹特性的影响 54
第 4 章 基于同旋向拨弹轮的无链供弹弹箱动力学模型快速建模技术 56
4.1 基于同旋向拨弹轮的无链供弹弹箱的结构原理与仿真目标 57
4.1.1 基于同旋向拨弹轮的无链供弹弹箱的结构原理 57
4.1.2 同旋向拨弹轮弹箱的动力学仿真目标 59
4.2 同旋向拨弹轮弹箱的动力学快速建模过程与结果分析 59
4.2.1 同旋向拨弹轮弹箱动力学建模的关键点 59
4.2.2 同旋向拨弹轮弹箱动力学模型的快速建立过程 59
4.2.3 额定驱动力矩下弹箱的动态通畅性分析 67
4.2.4 射角变化对弹箱供弹特性的影响 68

4.3 弹箱与自动机进弹机联动交接过程的建模与结果分析 70
4.3.1 弹箱与自动机联动交接过程的动力学建模 70
4.3.2 弹箱与自动机联动交接过程的结果分析 72
第5章 螺旋弹鼓动力学模型快速建模技术 73
5.1 螺旋弹鼓的结构原理与动力学仿真目标 74
5.1.1 螺旋弹鼓的结构原理 74
5.1.2 螺旋弹鼓动力学仿真的目标 76
5.2 螺旋弹鼓的动力学快速建模过程与结果分析 76
5.2.1 螺旋弹鼓动力学建模的关键点 76
5.2.2 螺旋弹鼓动力学模型的快速建立过程 76
5.2.3 额定驱动力矩下螺旋弹鼓的动态通畅性分析 83
5.2.4 基于推导过程的接触对建模宏命令及其效果 84
5.2.5 螺旋弹鼓启动、制动和反转过程的动力学建模与分析 87
第6章 导气式转膛自动机动力学模型快速建模技术 90
6.1 导气式转膛自动机的结构原理与动力学仿真目标 91
6.1.1 导气式转膛自动机的结构原理 91
6.1.2 导气式转膛自动机动力学仿真的目标 93
6.2 导气式转膛自动机的动力学快速建模过程与结果分析 93
6.2.1 导气式转膛自动机动力学建模的关键点 93
6.2.2 导气式转膛自动机动力学模型的快速建立过程 93
6.2.3 导气式转膛自动机的单发通畅性分析 105
6.2.4 导气式转膛自动机的三连发通畅性仿真与分析 107
第7章 外能源转管自动机动力学模型快速建模技术 112
7.1 外能源转管自动机的结构原理与动力学仿真目标 114
7.1.1 外能源转管自动机的结构原理 114
7.1.2 外能源转管自动机动力学仿真的目标 115
7.2 外能源转管自动机的动力学快速建模过程与结果分析 116
7.2.1 外能源转管自动机动力学建模的关键点 116
7.2.2 外能源转管自动机三连发动力学模型的快速建立过程 116

7.2.3 额定驱动力矩下外能源转管自动机的三连发通畅性分析 129
7.3 外能源转管自动机前抛壳装置的建模过程与结果分析 132
7.3.1 前抛壳装置的动力学建模 132
7.3.2 前抛壳装置动力学仿真的结果分析 134
参考文献 138

第 1 章
基于 Adams 宏与 Python 的建模技术原理

1.1 Adams 宏命令简介

宏命令是 Adams 特有的建模命令，它的功能和点击软件窗口内的按钮是一样的。但是宏命令与条件、循环、变量和 Python 代码结合后可以完成模型参数化建模和一些重复性操作，这就为某些复杂模型的建立提供了极大的便利。

1.1.1 宏命令的编辑窗口

常见的输入宏命令并执行宏命令的方式有以下三种：

（1）在命令行窗口的输入栏里直接输入宏命令

打开 Adams 软件并新建一个模型，按键盘上的“F3”快捷键之后，出现宏命令信息反馈窗口（简称宏命令窗口），如图 1-1 所示，在该窗口的下方有输入命令的输入栏，点选命令行输入栏右侧的按钮，可以切换所要输入的“cmd”或者“py”代码；输入宏命令或者 Python 代码后按“Enter”键，Adams 会执行命令，同时 Adams/View 的工作区域和宏命令窗口会有相应的反馈。

这种方法比较适合语句长度较短的单行宏命令，输入较长且跨行的宏命令时，非常不便于代码的阅读和检查，但在此区域输入宏命令字符时具备以下特点。

①具备关键词推导功能。在命令行输入栏输入某些关键词、参数或者变量后，按“Tab”键或者“?”键，可以实现字符自动补全功能。

图 1-1 Adams/View 窗口与宏命令窗口

②具备语法检查功能。输入关键词和空格后，Adams 自动检查所输入的关键词和语句的准确性，一旦有误，命令行窗口将立即反馈错误信息，并且阻断键盘输入功能，直到所输入的错误得到更正为止。

③对关键词的大小写不敏感。用户可以输入大写、小写和混合大小写的关键词。

④关键词和参数可以使用缩写。缩写的关键词和参数一般是该关键词和参数全称的前几个字符，但是要注意这些缩写之间的区分，一般情况下，为了便于代码的阅读和快速执行，建议使用模型参数的全称。例如，下面的两行代码虽然字符数量不同，但所执行的功能是相同的。

```
marker delete marker_name = . MODEL_1.ground.marker_1
mar del mar = ground.marker_1
```

⑤具有命令回溯功能。使用小键盘中的“向上”和“向下”箭头可以调出所输入的历史宏命令。

（2）使用宏命令调试器

在 Tools 菜单下点击“Macro—Edit—New”，弹出宏命令输入窗口（图 1-2），输入完毕并保存后，点击“Macro—Debug”，在弹出的窗口中点击“Macro”，选择所需执行的宏命令后，点击“Run”按钮即可执行宏命令。

但宏命令调试器不具备关键词推导和字符补全功能，也不具备关键字高亮和错误提示功能，保存并执行宏命令后，需要作者自行查看宏命令窗口中的错误提示信息，用户体验感较差。

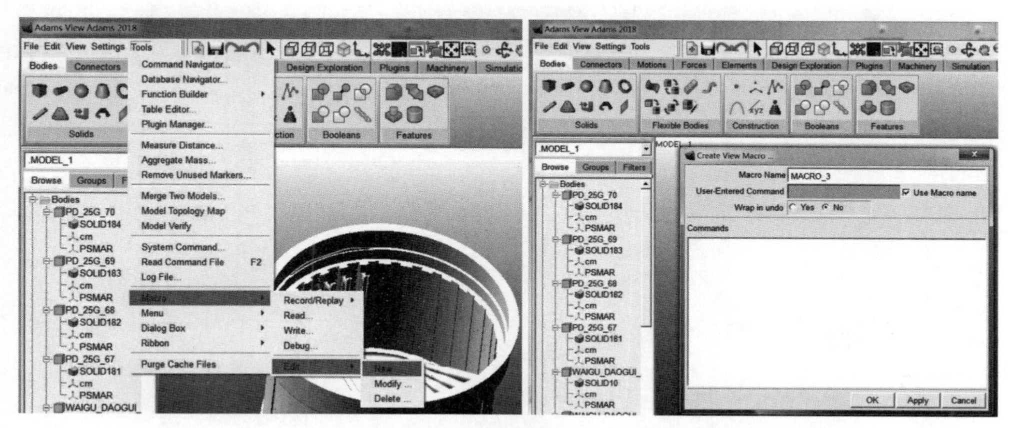

图 1-2　使用宏命令调试器中的宏命令输入窗口

（3）使用 NotePad ++ 代码编辑器

使用 NotePad ++ 编辑 “ *. cmd” 格式的宏命令时，可以利用编辑器提供的代码高亮功能。虽然代码编辑器不具备关键字推导和补全功能，但是可以随意缩放字体和检索关键字，并且可以批量修正代码，这十分有利于编辑多行代码。保存好宏命令后，在 Adams/View 中，按 “F2” 快捷键启动宏命令导入窗口，双击所要执行的宏命令即可。执行过程中的错误信息将会在宏命令窗口中显示，需要作者自行查看。

1.1.2　宏命令的查询方法

常见的宏命令查询方法有以下三种：

（1）查看宏命令窗口

打开 Adams 软件并操作模型之后，按键盘上的 “F3” 调出宏命令窗口。上下滚动鼠标滚轮浏览代码，读者可以发现，基本上所有对 View 的操作都会在宏命令窗口中显示相应的宏命令；将宏命令复制、编辑和参数化之后，即可形成用户的自定义宏命令；也可以使用 “File—Export—Adams View Command File” 来输出建模过程中的全部宏命令。

（2）查看帮助文档

点击工具栏右上侧的 “?” 图标，然后点击 “Adams Help”，弹出 IE 浏览器后显示帮助文档目录，如图 1-3 所示；再顺次点击目录栏左侧的 “Adams Basic Package—Adams View—View Command Language”，即可显示全部的宏命令帮助文档。

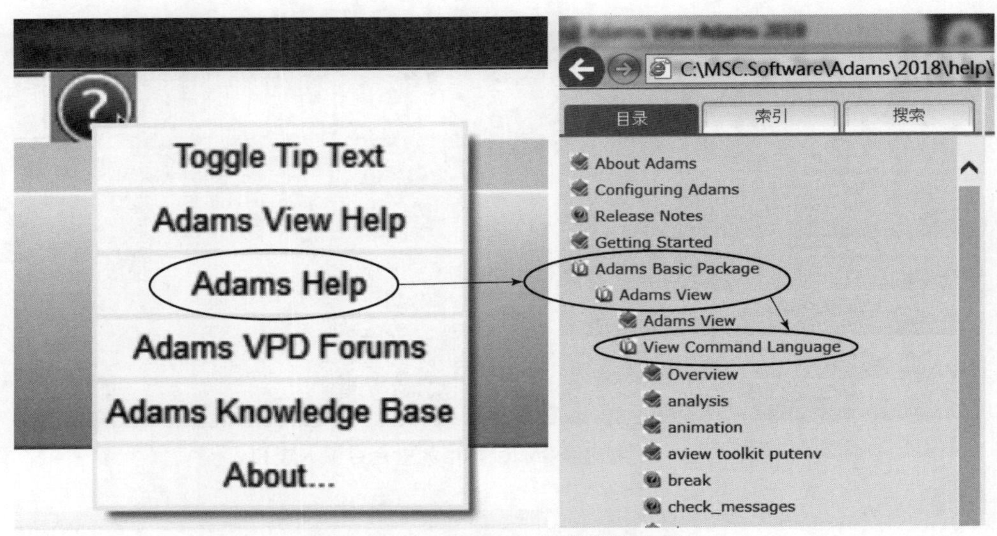

图 1－3　Adams View 的帮助文档

（3）使用宏命令记录器

在 Tools 菜单栏下点击“Macro—Record/Replay—Record Start”，开始记录 View 窗口中鼠标点击操作所对应的宏命令；操作完成后，在 Tools 菜单栏下点击“Macro—Record/Replay—Record Stop”，即可停止记录宏命令；然后在 Tools 菜单栏下点击“Macro—Record/Replay—Write Record Macro”，则可以将录制的宏命令保存到工作目录之中。

1.1.3　宏命令的基本规范

Adams 宏命令是一类用于建立模型、编辑模型、控制界面和操作数据的命令集，其交互功能较差，因此使用宏命令建模的初学者必须熟悉 Adams 宏命令的基本语法规则。宏命令主要由关键词（keywords）、参数（parameters）及其值（values）组成，关键词之间、关键词与参数之间用空格隔开，其结构形式如图 1－4 所示。

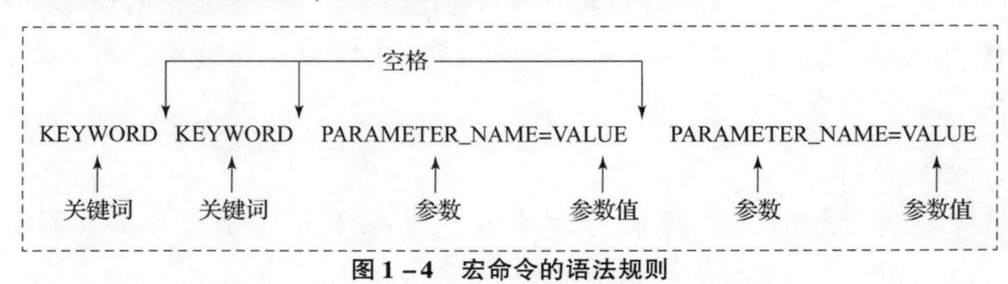

图 1－4　宏命令的语法规则

关键词一般对应 Adams/View 界面菜单栏的某个按钮，参数一般是点击该按钮后弹出窗口的参数名称，值则是对应参数所要输入的数值，参数值的类型可以是整数（integer）、实数（real）、字符串（string）和对象（object）。例如，输入下面的四行宏命令可以实现工作区域中连接副、驱动、力和标记点的一键隐藏功能。

```
entity attributes  entity_name = .MODEL_1.*  type_filter = joint  visibility = off
name_visibility = off
entity attributes  entity_name = .MODEL_1.*  type_filter = Motion  visibility = off
name_visibility = off
entity attributes  entity_name = .MODEL_1.*  type_filter = Force  visibility = off
name_visibility = off
entity attributes  entity_name = .MODEL_1.*  type_filter = Marker  visibility = off
name_visibility = off
```

1.1.4　宏命令的一些字符规则

表 1 – 1 列出了宏命令中一些常用字符的使用规则，其中前 5 个字符主要用于对象筛选，后 2 个字符用于注释和续行。

表 1 – 1　Adams 宏命令常用字符的使用规则

符号	用法说明	示例
*	“*”代表任意长度的字符	“x*y”可以代表任意以“x”开头，并以“y”结尾的对象，例如：“xy”“x1y”“xaby”等；又如：.MODEL_1.ground.“MAR*”，可以筛选出 ground 下所有以“MAR”开头的 marker 对象
?	“?”代表任意单个字符	“x??y”可以代表任意以“x”开头，并以“y”结尾的四个字符长度的对象，例如：“xaay”“xaby”“xrqy”等
{}	任意匹配	大括号中的字符为任意匹配内容，例如：使用“*{aa,ee,ii,oo,uu}*”筛选所有对象，只要对象名称中间包含“aa”“ee”“ii”“oo”“uu”就可以被筛选出，比如以下对象：“loops”“aargh”“skiing”
[]	单个字符匹配	方括号中的内容为单个字符任意匹配，还可以使用“-”隔开，形成一个搜索范围，例如：使用“[aeiou]*[0-9]”筛选所有对象，只要对象名称的首字符是“aeiou”中的一个，并以（0，9）范围中的任意一个字符为结尾，则对象就会被筛选上，比如以下对象：“eagle10”“arapahoe9”“ex29”
^	排除某个字符	方括号中的字符前加一个“^”符号可用于字符的排除，例如：使用“[^abc]”可以排除那些名称首字符为“a”“b”“c”任意一个字符的对象

续表

符号	用法说明	示例
!	注释	注释宏命令，使其不参与宏命令的执行，比如：! This is a line of comments.
&	续行	执行单一功能的多行语句，跨行书写时需使用“&”续行，例如： marker create marker = . MODEL_1. XMB. MAR_CM & location = . MODEL_1. XMB. cm orientation = 0.0, 0.0, 0.0

1.1.5 宏命令参数值的表达式与 EVAL( ) 计算函数

当宏命令参数值的表达式为嵌套型表达式时，其参数值一般先从内层开始计算，内层计算后将返回值给外层，比如下面生成对象变量集的宏命令（图 1－5），它的执行次序依次为：①内层返回当前默认的模型对象给中层；②中层返回该模型对象下所有的 Part 子对象给外层；③外层的 EVAL( ) 函数将中层返回的全部子对象赋值给变量“tmp_object”。

```
variable create variable = tmp_object &
object_value = (eval(DB_CHILDREN(DB_DEFAULT(.system_defaults,"MODEL"), "Part")))
```

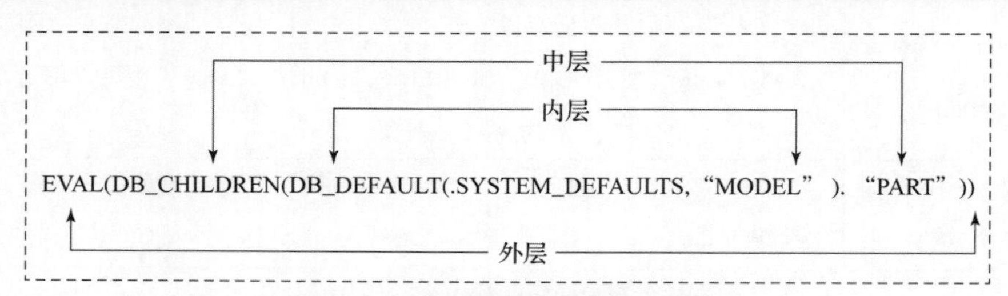

图 1－5 参数值表达式的嵌套结构

参数值的计算函数 EVAL( ) 是一个功能比较丰富的函数，如下面代码所示，它不仅可以赋值，还具有字符串拼接和数值计算功能。

```
! ------------------------------------------------------------->>>> 赋值
for var = h start = 1 inc = 1 end = (eval(DB_COUNT( .SELECT_LIST, "objects_in_group")))
! --------------------------------------------------------->>>> 字符串拼接后赋值
marker create marker_name = (eval("MAR"//ip))
! ---------------------------------------------------------->>>> 数值计算后赋值
variable modify variable_name = ip integer_value = (eval(ip + 1))
```

1.2　基于 Adams 宏命令的条件与循环结构

一般来说，使用宏命令的主要目标是综合性地利用宏命令中的参数、功能语句、条件与循环结构来实现一些个性化功能和重复性操作。尤其是当模型中零部件数量较多时，使用条件与循环语句可以快速地过滤和修正模型参数。Adams 宏命令提供了 IF/END、FOR/END 和 WHILE/END 三类条件与循环结构，稍有编程经验的用户可将这三类命令与参数、功能语句结合起来，用于实现动力学模型的快速建立。

1.2.1　IF/END 条件判断结构

IF/END 条件判断首先判断 condition 中的条件是否被满足，如果满足，则执行条件内的功能语句；如果不满足，则执行分支条件中的其他语句，执行完成后跳出 IF 语句块并继续执行其他语句，其主体格式如下：

```
if condition =( Expression 1 )
    ! do something 1
elseif condition =( Expression 2 )
    ! do something 2
elseif condition =( Expression 3 )
    ! do something 3
! 其他 elseif 条件
else
    ! do something 4
end
```

条件表达式中常用的操作符有以下几种：①! = 不等于；② == 等于；③ > 大于；④ < 小于；⑤≥大于或等于；⑥≤小于或等于。下面是一个 WHILE 循环中包含 IF/END 条件判断语句的例子，其主要作用是：在主循环中如果查找到以“DX_BDL_tube_”开头的零件，则为这些零件建立基于零件质心与大地的旋转铰。

```
variable create variable_name = ip integer_value = 1
while condition =(ip <= 22 )
    if condition = (eval(DB_EXISTS( ".MODEL_1.DX_BDL_tube_"//ip)))
        marker create marker = (eval(".MODEL_1.DX_BDL_tube_"//ip//".MAR_CM"))  &
        location = (eval(".MODEL_1.DX_BDL_tube_"//ip//".cm"))     orientation = 0.0,
0.0, 0.0
        marker create marker = (eval( ".MODEL_1.ground.DX_BDL_tube_"// ip// "_Fixed_
MAR"))  &
```

```
        location = (eval(".MODEL_1.DX_BDL_tube_"//ip//".cm"))     orientation = 0.0,
0.0, 0.0

        constraint create joint Fixed  joint_name = (eval("DX_BDL_tube_"//ip//"_
Ground_Fixed"))  &
            i_marker_name = (eval(".MODEL_1.DX_BDL_tube_"//ip//".MAR_CM")) &
            j_marker_name = (eval(".MODEL_1.ground.DX_BDL_tube_"//ip//"_Fixed_MAR"))

        variable set variable_name = ip integer = (eval(ip + 1))
    else
           variable set variable_name = ip integer = (eval(ip + 1))
            continue
    end
end
variable delete variable_name = ip
```

1.2.2 WHILE/END 条件循环

WHILE/END 循环是一个需要提前设置循环变量的计数循环，当循环变量的数值符合循环的条件表达式时，才能执行循环体内的功能语句；搭配 IF/BREAK 判断语句时，用于中断循环并且退出当前循环；搭配 IF/CONTINUE 判断语句时，用于中断当前代码块的执行，并从循环结构的开头重新执行循环，其主体格式如下：

```
variable create variable_name = 变量名  integer_value = 计数初值
while condition = ( Expression )
    ! do something
    ! 更新变量值
end
variable delete variable_name = 变量名
```

下面是一个使用 WHILE/END 循环导入 Pro/E 三维模型的例子。该循环体事先设置了一个整型循环变量 ip，初始值为 1000；每次循环后更新循环变量值 ip = ip - 1，使得循环体逆序搜索工作存盘中的模型；一旦找到该模型，就使用 BREAK 关键字跳出 WHILE 循环；若没有找到该模型，则更新循环变量 ip 的值，并从循环体开头继续执行循环。一般情况下，该循环总是可以找到最新的三维模型，但是不管最终有没有找到最新的三维模型，程序最终都会删除循环变量 ip。

```
variable create variable_name = ip integer_value = 1000
while condition = (ip >= 1 )
    if condition = (eval(FILE_EXISTS("E:/**** /Z_0727.ASM."//ip)) )
        file geometry read &
        file_name = (eval(           "E:/**** /Z_0727.ASM."//ip)) &
        type = proe &
        option_file_name = "" &
        model_name = .MODEL_1 &
        blanked_entities = yes &
        single_shell = no &
        scale = 1.0 &
        location = 0.0, 0.0, 0.0 &
        orientation = 0.0, 0.0, 0.0 &
        ref_markers = global &
        relative_to = .MODEL_1 &
        display_summary = yes
        break
    else
        variable set variable_name = ip integer = (eval(ip -1))
        continue
    end
end
variable delete variable_name = ip
```

1.2.3　FOR/END 条件循环

FOR/END 循环是一种不需要提前设定循环变量的循环，循环体自建循环变量时，需指定循环变量的初值与终值，循环完成后，循环变量会被自动删除；但当循环体没有正确完成循环而发生中断时，循环体不会自动删除循环变量，这将会对后续 FOR 循环产生不利影响；FOR/END 循环分为针对数值的循环和针对对象的循环两种，其中针对数值的循环体格式如下：

```
for variable_name = 变量名   start_value = 初值   increment_value = 递增值   end_value = 终值
    ! do something
    ! 更新变量值
end
```

下面是一个使用 FOR/END 计数循环新建 10 个 marker 点的例子。在本例中，因为

FOR/END 循环自建循环变量为 Real 型变量，而 marker 点的编号一般为 Integer 型变量，所以循环体中使用 RTOI( ) 函数进行了数据类型转换，然后和字符串进行拼接。

```
for variable_name = tempreal start_value = 1 end_value = 10
  marker create marker_name = (eval("MAR" //RTOI(tempreal))) &
   location = (eval(tempreal -1)), 0, 0
end
```

针对对象的 FOR/END 循环体格式如下：

```
for variable_name = 变量名  object_name = 对象集  type = 类型
    ! do something
    ! 更新变量值
end
```

下面是一个先使用 WHILE/END 计数循环复制 5 个 PD 对象，然后使用 FOR/END 对象循环来逐步沿 Z 向平移 PD 的例子，图 1 - 6 为该代码实施后的效果。

```
! --------------------------------------------------->>>> 设置模型为当前默认模型
defaults model model_name  =(eval(DB_DEFAULT(system_defaults,"MODEL" )))
variable create variable_name = ip integer_value = 0
! ------------------------------------------------->>>> 基于 PD_1,复制生成 5 个 PD;
while condition = (ip < 5)
    part copy part = PD_1 new_part = (UNIQUE_NAME("PD"))
    variable modify variable_name = ip integer_value = (eval(ip + 1))
end
variable delete variable_name = ip
! -------------------------------------------------->>>> 设置初始参照物体为 PD_1
defaults model part_name  = PD_1
! ----------------------------------------------->>>> 排除 PD_1,建立其余 PD 的对象集
for variable_name = my_part object_name = "PD_[ˆ1]* " type = PART
    move object part_name  = (eval(my_part) ) c1 =0 c2 =0 c3 = 100.0 & ! Z 向平移其余 PD
    cspart_name  = (eval(DB_DEFAULT(system_defaults, "part")))
    defaults model part_name  = (eval(my_part)) ! 再次将参照部件设置为当前已被移动的 PD
end
```

在本例的代码中使用了通配符“ * ”，其目的是建立一个以“PD_”开头，但不包含“PD_1”的对象集，后面的“type = PART”用于过滤对象集中的对象，只留下 PART 类型的对象。

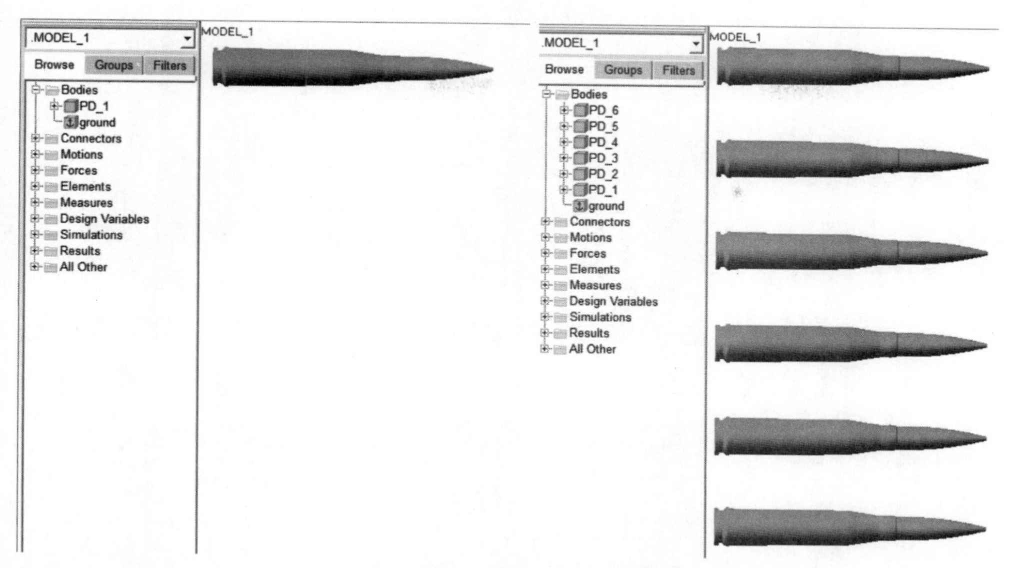

图 1－6　WHILE 循环与 FOR 循环使用范例

1.3　Adams Python 建模简介

使用宏命令的操作人员会发现，宏命令只能机械地执行某一个功能，在数据操作、信息反馈和人机交互等方面功能均较差，而 Adams 的 Python 接口则可以很好地解决这个问题。但是 Adams 并没有将所有的宏命令重新包装成 Python 函数种类，因此，目前的 Adams Python 只能作为宏命令的辅助工具来使用。

在宏命令窗口的右下角将可执行命令由“cmd”切换为“py”，即可输入Python 代码，输入完成后按“Enter”键可执行代码；执行代码后，Adams/View 的工作区域和宏命令窗口会有相应的反馈。但是本书更推荐使用 NotePad ++ 编辑代码，并使用“F2”快捷键导入和执行代码。

和宏命令类似，如果没有在 Python 代码中提前援引对象，则不能使用 Python 代码建立对象和操作对象的属性。而和宏命令不同的是，Adams 中的 Python 代码对关键字的大小写和缩进敏感，编辑不当就会导致 Python 代码不能执行。本节不打算详细介绍 Python 的基本语法规则及 Python 调用 Adams 对象的具体方法，只介绍一些常用的 Adams Python 函数。

（1） stoo( ) 函数：将 Python 字符串转换为 Adams 对象。下面是使用该函数获取 Adams 对象并打印对象质心坐标的例子。

```
import Adams
#------------------------------------------------->>>>将字符串转换为 Adams 对象
PD_1_Center =Adams.stoo(".MODEL_1.PD_1.cm")
#------------------------------------------------->>>>打印对象的质心位置
print(PD_1_Center.location)
```

（2） expression( ) 函数：基于一个对象的属性参数化另一个对象的属性。下面是使用 PD_1 中 marker 对象去参数化 PD_2 中 marker 对象的例子，实施后的效果如图 1－7 所示。

```
import Adams
mod = Adams.getCurrentModel()
PaoDan_1 = mod.Parts[".MODEL_1.PD_1"]
PaoDan_2 = mod.Parts[".MODEL_1.PD_2"]
PaoDan_1_mar = PaoDan_1.Markers.create(name = "Mar_1",location = [50,50,0], orienta-
tion = [90,0,0] )
PaoDan_2_mar = PaoDan_2.Markers.create(name = "Mar_1")
PaoDan_2_mar.location = Adams.expression("(LOC_RELATIVE_TO({0,0,10}, %s))"
                                         %PaoDan_1_mar.full_name)
print(PaoDan_2_mar.location)
```

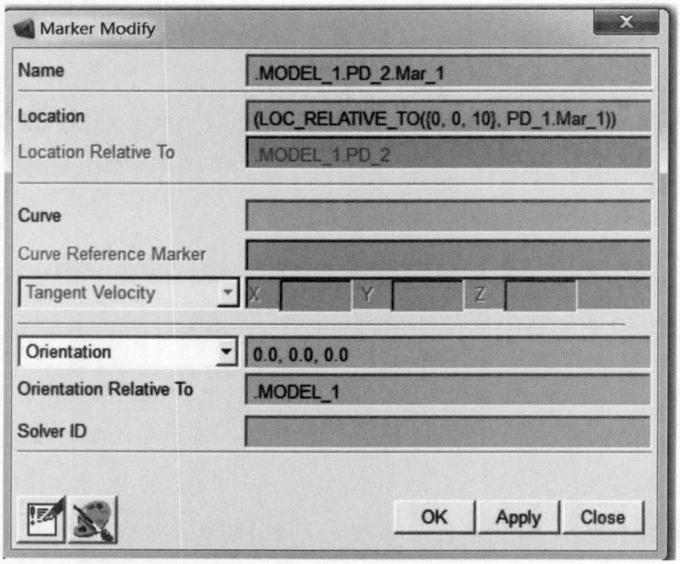

图 1－7　expression( ) 函数使用后的效果

（3） eval( ) 函数：将一个对象的属性参数赋值给另一个对象的属性。

```
#----------------------------------------------------------->>>>接上例
PaoDan_2_mar.orientation = Adams.eval("(ORI_RELATIVE_TO({0,0,0}, % s))" % PaoDan_1_
mar.full_name )
print(PaoDan_2_mar.orientation)
```

（4） dir( ) 函数和 type( ) 函数：查询 Adams Python 对象的全部属性和对象的类型。

（5） items( ) 迭代器：遍历对象字典中的对象，下面是使用 for 循环迭代输出当前模型中所有 Part 的部分信息。

```
import Adams
mod = Adams.getCurrentModel()
for partName, partObject in mod.Parts.items():
    print(partName, partObject)
```

（6） execute_cmd( ) 函数：利用 Python 代码执行字符串形式的宏命令。例如，下面是使用该函数修改实体显示属性的例子。

```
import Adams
cmd_str = 'view man mod render = shaded'
Adams.execute_cmd(cmd_str)
```

1.4　宏命令与 Python 混合编程的范例

（1） 一般情况下，动力学仿真人员并不一定是某装置或装备的三维建模人员，而装置或装备的三维模型中一般包含大量的螺栓、螺母、键和螺纹等标准件，在 Adams/View 中，这些标准件一般是以“GB”“GJB”和“quilt”等字符开头的 Part 对象，手动搜索、删除这些标准件将会耗费仿真人员的大量时间，而使用下面的代码则可以大幅度提高模型清理过程的效率。

```
# - * - coding: utf - 8 - * -
import Adams
#----------------------------------->>>导入 time 模块,用于打印执行代码所消耗的时间 #
from time import clock
i_var = 1
mod = Adams.getCurrentModel()
part_list = ['GB','GJB','quilt']
```

```
for part in mod.Parts.keys():
    part_word = str(part)
    if (part_word =="ground"):
        print(" i found a ground... ")
        continue
    for i_temp in part_list:
        if i_temp in part_word:
            i_var +=1; str_temp = "part delete part_name = " +part
            print( i_var," -- ", str_temp); Adams.execute_cmd(str_temp)
            break
print( "------------------>>> time in clean up: %.3f S"%( clock() -t0) )
```

上述代码首先将要清理的 Part 对象的名称字符放到 part_list 之中，然后使用 for 循环和模型中的全部 Part 进行对比，如果被对比的 Part 名称字符与 part_list 中的字符一致，就使用 execute_cmd( ) 函数删除这个 Part 对象。图 1 – 8 显示该代码删除 66 个标准件时，耗时小于 0. 05 秒，这体现了该代码在模型清理方面的高效性。

```
63 -- part delete part_name = GBT5783_2000_M5X16_1
64 -- part delete part_name = GBT5783_2000_M5X16_1
65 -- part delete part_name = GJB1191A_5_10_2_GJB1
66 -- part delete part_name = GBT93_1987_D5_12_GBT
------------------>>> time in clean up: 0.047 S
```

图 1 – 8　模型清理代码的执行效果

（2）有些新用户在建模过程中会忘记为 Part 赋予材料属性，从而导致提交计算时软件报错。新用户建模的另外一个特点是，在建模时，他们基本不会为 Part、Connector 和 Force 等对象编写一个独特的名字，因此模型可读性较差，重复建模并提交计算后会导致软件报错，且无法及时找到错误原因，而通过编写下面的代码段则可以很好地解决以上问题，为模型的调试提供便利。

```
# -*- coding: utf-8 -*-
import Adams
#---------------------------------------------->>> 定义函数,生成唯一的对象名
def get_u_n(base):
    return Adams.evaluate_exp('UNIQUE_NAME("{0}")'.format(base))
#---------------------------------------------->>> 查询 Part 对象的质量
mod = Adams.getCurrentModel()
i =1; All_mass =0.0
for P_Name in mod.Parts:
    thePart = mod.Parts[P_Name]; partType = thePart.className()
    if P_Name == "ground": continue
```

```
    if partType == 'RigidBody':
         if thePart.material_type :
               if (Adams.defaults.units.length =='mm'):  den_tmp = ( thePart.material_
type.density) *1e09
               if (Adams.defaults.units.length =='meter'):  den_tmp =
thePart.material_type.density
         else:
               if (Adams.defaults.units.length =='mm'):  den_tmp = (thePart.density) *1e09
               if (Adams.defaults.units.length =='meter'):  den_tmp =
thePart.density
        print('.\n', i,'---->',P_Name, 'Mass: {:.3f} kg, Density: {:.3f} kg/(m)**3'.
format(thePart.mass, den_tmp))
        All_mass + = thePart.mass
   else:
        print('.\n', i,'----> ',P_Name +'---------------------->>> '+partType)
   i =1 +i
#------------------------------------------------------->>> 打印当前模型的总质量
print("----> All_mass = %.2f kg" %(All_mass) )
#------------------------------------------------------->>> 修正铰的名称
for jntName, jntObject in mod.Constraints.items():
    jointType = jntObject.className()
    if 'Motion' in jointType:    continue
    if 'Coupler' in jointType:    continue

    iPartName = jntObject.i_part.name; jPartName = jntObject.j_part.name

    newName = '{}_{}_to_{}'.format(jointType, iPartName, jPartName)
    jntObject.name = get_u_n( newName )
#------------------------------------------------------->>> 修正接触的名称
mod = Adams.getCurrentModel()
for ctName, ctObject in mod.Contacts.items():
    ctType     = ctObject.className()

    i_PartName = ctObject.i_geometry[0].parent.name
    j_PartName = ctObject.j_geometry[0].parent.name

    newName = '{}_{}_to_{}'.format(ctType, i_PartName, j_PartName)
    ctObject.name = get_u_n( newName )
#------------------------------------------------------->>> 修正力元素的名称
mod = Adams.getCurrentModel()
for F_Name, F_Object in mod.Forces.items():
    F_Type    = F_Object.className()
    if F_Name == "gravity": continue

    i_PartName = F_Object.i_part.name
    j_PartName = F_Object.j_part.name
    newName = '{}_{}_to_{}'.format(F_Type, i_PartName, j_PartName)
    F_Object.name = get_u_n( newName )
```

本例中的代码主要分为三块，第一块代码主要用来统计模型中零件的数量、质量和密度，并输出总质量，其效果如图 1－9 所示；第二块代码用于修正铰的名称；第三块代码用于修正接触和各种力元素的名称。修正后的模型可以更容易地被他人理解，也更易于排除仿真故障，其效果如图 1－10 所示。

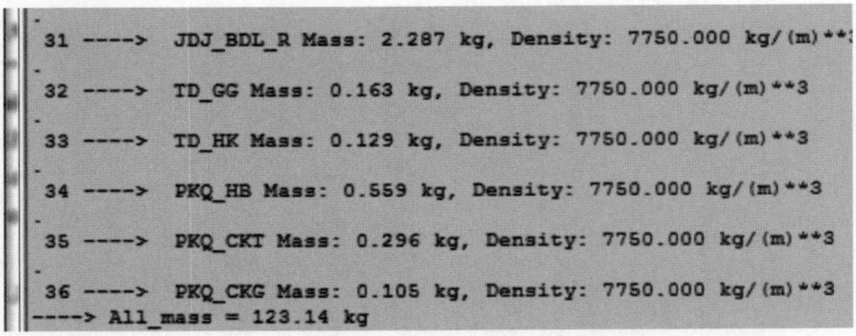

31 ----> JDJ_BDL_R Mass: 2.287 kg, Density: 7750.000 kg/(m)**3
32 ----> TD_GG Mass: 0.163 kg, Density: 7750.000 kg/(m)**3
33 ----> TD_HK Mass: 0.129 kg, Density: 7750.000 kg/(m)**3
34 ----> PKQ_HB Mass: 0.559 kg, Density: 7750.000 kg/(m)**3
35 ----> PKQ_CKT Mass: 0.296 kg, Density: 7750.000 kg/(m)**3
36 ----> PKQ_CKG Mass: 0.105 kg, Density: 7750.000 kg/(m)**3
----> All_mass = 123.14 kg

图 1－9　上述代码所统计的零件数量、质量与模型总质量

RevoluteJoint_PKQ_JSB_to_PX_1
TranslationalJoint_PKQ_HB_to_PX_
TranslationalJoint_FDZ_PIN_to_PX_
FixedJoint_PX_HCH_2_to_ground_1
FixedJoint_PX_HCH_1_to_ground_1
RevoluteJoint_ZDC_to_PX_1
TranslationalJoint_PX_to_ground_1
Motions
Forces
Contact_HS2_to_PX_2
Contact_HS1_to_PX_2
SingleComponentForce_HS2_to_PX
SingleComponentForce_HS1_to_PX
Contact_LD30_4_to_JDJ_BDL_R_1
Contact_DWB_to_JDJ_BDL_R_1
Contact_DWB_to_JDJ_BDL_L_1

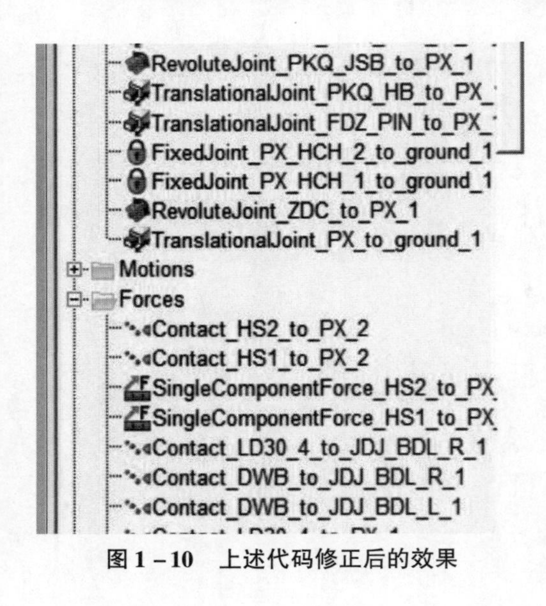

图 1－10　上述代码修正后的效果

1.5　基于 Adams 宏与 Python 的快速建模技术简介

一般而言，完整意义上的动力学建模、仿真与分析流程如图 1－11 所示。它起始于研发人员对几何模型的准确理解，进而确认仿真目标。基于确认后的仿真目标，研发人员需要选择合适的仿真模块，思考模型的简化程度并设计建模过程步骤；然后在三维建模软件中，将不必要的特征和零部件简化或删除处理，只留下那些能够完成仿真目标的特征和零部件，进而完成三维模型的干涉检查。因为只有不干涉的三维模型，在后续的仿真中才不会发生仿真结果偏离预期，甚至是零部件“炸开”等异常情况。将上述通过干涉检查的三维模型导入 Adams 后还可以进一步地简化和清理模型，然后设置相关铰、力和过程控制等元素，并提交计算；计算完成后检查仿真结果，如果结果不符合预期，则需要多次修正几何模型或动力学模型，直到仿真结果令人满意为止。

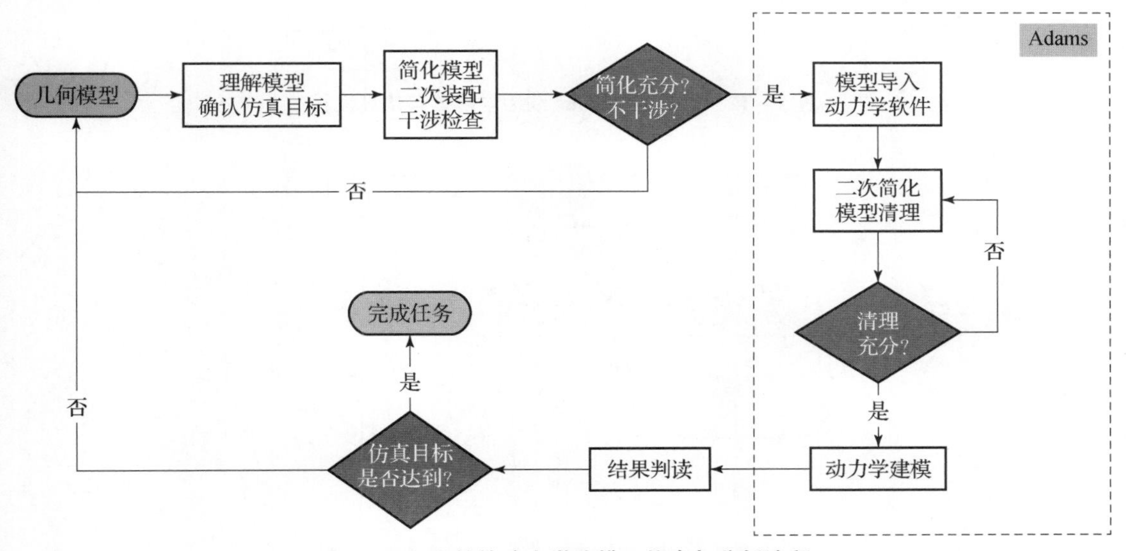

图 1－11　完整的动力学建模、仿真与分析流程

大多数情况下，基于上述流程的常规动力学建模过程直接对动力学模型进行操作（图 1－12），也就是顺次点击 Adams/View 界面中的按钮。当仿真模型复杂、仿真次数较多或几何与仿真模型建模有误时，大量的点击与键盘输入等操作使得研发人员难以高效、准确地建立动力学模型。

由于模型简化和结果判读过程因项目而异，而在 Adams 中的建模过程却是有章法可循的，因此本研究提出基于快速建模技术的动力学建模与仿真流程。如图 1－13 所示，该建模技术不直接操作 Adams/View 中的动力学模型，而是通过编写和修正宏代码与 Python 代码，实现动力学建模过程自动化、参数化和提交计算过程自动化。因为整个建模过程是代码化操作，这样就可以大量减少研发人员点击与键盘输入次数，从而提高动力学建模的效率和准确性。

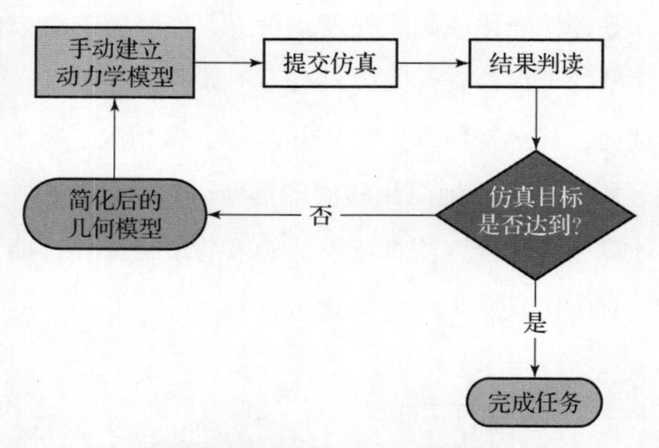

图 1-12　常规的 Adams 动力学建模与仿真流程

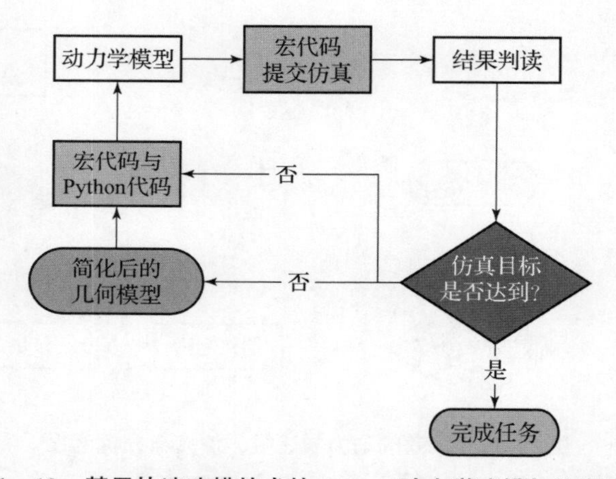

图 1-13　基于快速建模技术的 Adams 动力学建模与仿真流程

第 2 章
无链供弹软导引装置动力学模型快速建模技术

无链供弹软导引装置（以下简称软导引）是连接自动机与储弹具之间的重要装置，它主要由外侧的软导引单元、中间的弹托链围和两端的连接接头等零部件组成。如文献［1］中 7. 13 和 7. 14 节所示，单个软导引单元一般为片体或者框体，多个片体或者框体单元通过橡胶条、钢丝绳、弹簧或者弹性金属片串联、叠加并扭曲成各种空间曲线后，依赖单个片体或框体横截面内侧的凸起（筋）形成规整炮弹姿态的输弹通道。软导引作为某些供弹系统的最后一环，一般需要根据自动机性能与射击起始状态预置一定的纵向位移和扭转角度。由于射击时软导引的一端与自动机的进弹口一起后坐、前冲，因此软导引的运行工况比较恶劣，我们需要对其动力学特性加以分析。

本章主要介绍两种常见的软导引——节片式与矩形框式软导引动力学模型的快速建模过程，其他软导引的建模过程与此类似，可以直接借鉴。

2. 1　节片式软导引的结构原理与动力学仿真目标

2. 1. 1　节片式软导引的结构原理

节片式软导引的节片一般由轻质工程塑料注塑而成，可以做成方形薄片或者圆形薄片。当前所设计的软导引节片如图 2 – 1 所示，靠近节片外侧和中部各有 4 个穿橡胶条的圆孔，因此可以视情况装配一定数量的橡胶条，进而调整整个软导引的扭转柔度。常规软导引只具备单侧进退弹功能，因此只需要设计一个过弹通道；若设计上、下两层过弹通道，则软导引具备双侧进退弹和内循环功能。

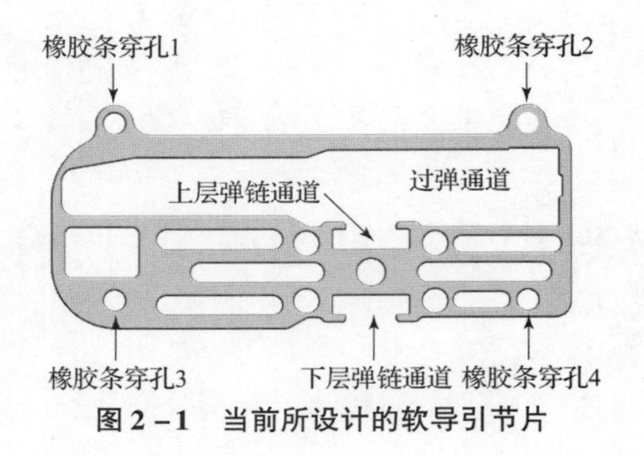

图 2－1　当前所设计的软导引节片

当前节片式软导引模块（Pro/E 模型）如图 2－2（a）所示，它主要由链轮组件、弹链导轨、进出口接头、软导引节片、橡胶条、弹托等零部件构成。四根橡胶条将 110 片软导引节片的四个角点穿起，收紧后和两端的接头相固定。软导引内部的弹托首尾衔接形成封闭的弹托链围，在链轮的驱动下，可在节片组形成的通道中输送炮弹。弹托链围的直线段上共有 8 个弹托［见图 2－2（b）］，弹托之间可相对扭转 9°，因此，弹托链围最高可满足 72°的扭转需求。

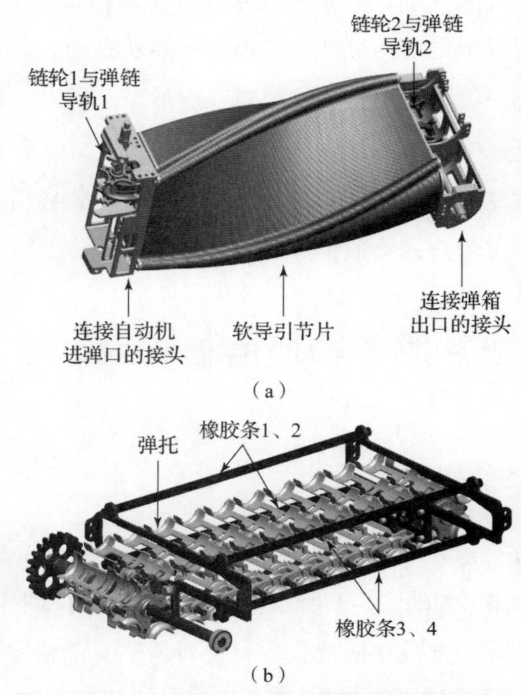

图 2－2　当前所设计的软导引装置三维模型

（a）软导引装置的外观；（b）软导引装置的内部结构

一般情况下，软导引必须配合自动机和无链供弹弹箱一起使用。弹箱出口的炮弹被软导引附近的拨弹轮拨入弹托，软导引中的弹托链围携带炮弹并将其传输到自动机进弹口，最终被自动机进弹口处的拨弹轮拨走。在当前设计中，连接自动机进弹口的接头可以随自动机前冲 10 mm、后坐 30 mm，且能实现 -6° ~ +70°的俯仰（扭转）角度。

2.1.2　节片式软导引动力学仿真的目标

对节片式软导引进行 Adams 仿真的目标有以下三个：

（1）通过建模与仿真加深对软导引的认识；

（2）分析极限后坐位移和极限扭转角度对软导引过弹通畅性的影响；

（3）分析零部件之间的摩擦特性对软导引过弹通畅性的影响。

2.2　节片式软导引的动力学快速建模过程与结果分析

2.2.1　节片式软导引动力学建模的关键点

因为节片式软导引中的零部件数目较多，导致零部件之间的接触关系十分复杂，加之节片之间使用橡胶条弹性连接，所以使用传统方法对其进行建模并分析有着较大的难度。针对零部件之间复杂的接触关系，本书采用条件与循环语句结合功能性宏命令的方法，可以快速地过滤和修正零件名称，并最终建立零部件之间的接触关系；至于节片之间的柔性连接关系，本书推荐的处理方法是：将节片视为刚体，建立节片之间的接触关系，并在两节片之间使用 4 个 Adams 的轴套力（Bushing）模型建立连接关系，使用轴套力建立相邻两节片之间的连接关系如图 2 -3 所示。

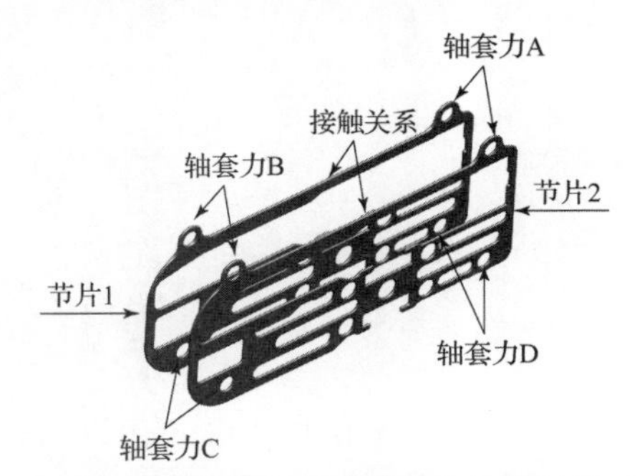

图 2 -3　两节片之间的轴套力与接触关系

因为 Adams 的轴套力模型可以计及 3 个平动方向的力（F_x、F_y 和 F_z）和 3 个转动方向的力矩（T_x、T_y 和 T_z），因此可以用于模拟节片之间橡胶条的这种柔性连接关系，轴套力的计算模型如图 2 -4 所示。

$$
\underset{\text{轴套力各个分量}}{\begin{bmatrix} F_x \\ F_y \\ F_z \\ T_x \\ T_y \\ T_z \end{bmatrix}} = - \underset{\text{刚度矩阵}}{\begin{bmatrix} K_{11} & 0 & 0 & 0 & 0 & 0 \\ 0 & K_{22} & 0 & 0 & 0 & 0 \\ 0 & 0 & K_{33} & 0 & 0 & 0 \\ 0 & 0 & 0 & K_{44} & 0 & 0 \\ 0 & 0 & 0 & 0 & K_{55} & 0 \\ 0 & 0 & 0 & 0 & 0 & K_{66} \end{bmatrix}} \underset{\text{变形量}}{\begin{bmatrix} X \\ Y \\ Z \\ a \\ b \\ c \end{bmatrix}} - \underset{\text{阻尼矩阵}}{\begin{bmatrix} C_{11} & 0 & 0 & 0 & 0 & 0 \\ 0 & C_{22} & 0 & 0 & 0 & 0 \\ 0 & 0 & C_{33} & 0 & 0 & 0 \\ 0 & 0 & 0 & C_{44} & 0 & 0 \\ 0 & 0 & 0 & 0 & C_{55} & 0 \\ 0 & 0 & 0 & 0 & 0 & C_{66} \end{bmatrix}} \underset{\text{分量速度}}{\begin{bmatrix} v_x \\ v_y \\ v_z \\ \omega_x \\ \omega_y \\ \omega_z \end{bmatrix}} + \underset{\text{预载荷}}{\begin{bmatrix} F_1 \\ F_2 \\ F_3 \\ T_1 \\ T_2 \\ T_3 \end{bmatrix}}
$$

图 2－4　轴套力计算模型

两节片之间的轴套力与节片之间的相对位移、速度、转角与角速度有关系，因此，我们在设置轴套力参数时需要根据厂家提供的橡胶条测试参数来设置各个方向上的刚度系数与阻尼系数，其中轴向拉伸刚度系数 K_{11} 和轴向扭转刚度系数 K_{44} 对软导引的性能影响较大，需要合理设置。

2.2.2　节片式软导引动力学模型的快速建立过程

建立节片式软导引动力学模型时，需提前准备一份包含一个初始节片和一个初始弹托组件的三维模型，详细的建模过程如下：

（1）使用 1.2.2 节中宏命令搜索和导入三维模型的同时，使用以下宏命令设置单位制、修正背景色和关闭栅格。

```
! ------------------------------------------------------------->>> 设置单位制
default units length = mm mass = kg force = newton time = Second angle = degrees frequency = hz
! ------------------------------------------------------------->>> 修正背景色
colors modify color_name = .colors.Background  &
red_component = 1.0 blue_component = 1.0 green_component = 1.0 gradient = "none"
defaults attributes icon_visibility = "off"
view man mod render = shaded
! ------------------------------------------------------------->>> 关闭栅格
int grid und grid = .gui.grid view = ( db_default( .system_defaults, "view" ))
```

（2）使用 1.4 节中 Python 代码清理模型，并同时将那些不动的、不和其他零部件接触的零件删除。

（3）使用以下宏命令建立节片的材料模型。

```
material create material_name = Plastic  &
    density = 1.3e-6 youngs_modulus = 400  poissons_ratio = 0.35
```

（4）使用以下宏命令建立炮弹和金属之间、炮弹和节片之间、节片和节片之间的接触参数。

```
! ------------------------------------------->>> 炮弹金属外筒与节片之间的接触参数
variable create variable_name = .MODEL_1.CT_D2JP_stiffness  real = 3807.0
variable create variable_name = .MODEL_1.CT_D2JP_damping    real = 1.52
variable create variable_name = .MODEL_1.CT_D2JP_F_exp      real = 2.0
variable create variable_name = .MODEL_1.CT_D2JP_dmax       real = 0.1
variable create variable_name = .MODEL_1.CT_D2JP_Co_static  real = 0.13
variable create variable_name = .MODEL_1.CT_D2JP_Co_dynamic real = 0.09
variable create variable_name = .MODEL_1.CT_D2JP_STV        real = 0.1
variable create variable_name = .MODEL_1.CT_D2JP_FTV        real = 10.0
! ------------------------------------------->>> 金属之间的接触参数
variable create variable_name = .MODEL_1.CT_metal_stiffness real = 1.0E+005
variable create variable_name = .MODEL_1.CT_metal_damping   real = 50.0
variable create variable_name = .MODEL_1.CT_metal_F_exp     real = 1.5
variable create variable_name = .MODEL_1.CT_metal_dmax      real = 0.1
variable create variable_name = .MODEL_1.CT_metal_Co_static real = 0.3
variable create variable_name = .MODEL_1.CT_metal_Co_dynamic real = 0.2
variable create variable_name = .MODEL_1.CT_metal_STV       real = 0.1
variable create variable_name = .MODEL_1.CT_metal_FTV       real = 10.0
! ------------------------------------------>>> 节片之间的接触参数
variable create variable_name = .MODEL_1.CT_Pla_stiffness   real = 3800.0
variable create variable_name = .MODEL_1.CT_Pla_damping     real = 1.52
variable create variable_name = .MODEL_1.CT_Pla_F_exp       real = 2.0
variable create variable_name = .MODEL_1.CT_Pla_dmax        real = 0.1
variable create variable_name = .MODEL_1.CT_Pla_Co_static   real = 0.13
variable create variable_name = .MODEL_1.CT_Pla_Co_dynamic  real = 0.09
variable create variable_name = .MODEL_1.CT_Pla_STV         real = 0.1
variable create variable_name = .MODEL_1.CT_Pla_FTV         real = 10.0
```

（5）使用宏命令修正两端接头、弹链导轨、链轮等全部实体的内外层名称，修正实体内外层名称的目的是对实体内外层编号按顺序重新编排，以便于后期使用宏命令实现建模自动化，以下是合并（merge）构成链轮组件所需零件，并修正链轮外层 Part 名称和内层 Solid 名称的宏命令实例。

```
! ----------------------------------->>>> 修正链轮 1 的第一个 Part 名称
entity modify entity = .MODEL_1.LL_0427 new = .MODEL_1.LL_0427_1
! ----------------------------------->>>> 合并链轮 1 所有的 Part 与修正外层 Part 名称
part merge rigid_body part_name = .MODEL_1.LL_0427_1      into_part = .MODEL_1.ZHOU
part merge rigid_body part_name = .MODEL_1.LL_0427_2      into_part = .MODEL_1.ZHOU
part merge rigid_body part_name = .MODEL_1.BOCHI_0427     into_part = .MODEL_1.ZHOU
part merge rigid_body part_name = .MODEL_1.BOCHI_2_0427   into_part = .MODEL_1.ZHOU
```

```
entity modify entity = .MODEL_1.ZHOU new = .MODEL_1.CHAIN_GEAR_1
!------------------------------------>>>> 合并链轮 2 所有的 Part 与修正外层 Part 名称
part merge rigid_body part_name = .MODEL_1.LL_0427_3 into_part = .MODEL_1.ZHOU_2
part merge rigid_body part_name = .MODEL_1.LL_0427_4 into_part = .MODEL_1.ZHOU_2
part merge rigid_body part_name = .MODEL_1.BOCHI_0427_2 into_part = .MODEL_1.ZHOU_2
part merge rigid_body part_name = .MODEL_1.BOCHI_2_0427_2 into_part = .MODEL_1.ZHOU_2
entity modify entity = .MODEL_1.ZHOU_2 new = .MODEL_1.CHAIN_GEAR_2
!------------------------------------>>>> 四层嵌套修正所有链轮的内层 Solid 序号
variable create variable_name = ip_dt integer_value = 1
while condition =(ip_dt <= 2 )
    variable create variable_name = ip integer_value = 1
    variable create variable_name = ipp integer_value = 1
    while condition =(ipp <= 600 )
        if condition = (eval(DB_EXISTS( ".MODEL_1.CHAIN_GEAR_"//ip_dt//".SOLID" //ipp)))
                    if condition =( ipp == ip )
                        variable set variable_name = ip integer =(eval(ip +1))
                    else
                        entity modify entity = (eval( "CHAIN_GEAR_"//ip_dt//".SOLID"
//ipp)) &
                                new = (eval("CHAIN_GEAR_"//ip_dt//".SOLID" //ip))
                        variable set variable_name = ip integer =(eval(ip +1))
                    end
                    variable set variable_name = ipp integer =(eval(ipp +1))
        else
            variable set variable_name = ipp integer =(eval(ipp +1))
            continue
        end
    end
    variable delete variable_name = ipp
    variable delete variable_name = ip

variable set variable_name = ip_dt integer =(eval(ip_dt +1))
end
variable delete variable_name = ip_dt
```

（6）为了便于建立节片之间的轴套力（Bushing）模型，使用以下宏命令建立初始节片四个角点的 Marker，分别是 M_a、M_b、M_c 和 M_d，然后沿 Z 向复制和平移 116 个节片，每个节片间距 5 mm，最终的效果如图 2 – 5 所示。

```
!------------------------------------------->>>> 生成起始节片四个角点的 Marker
marker create marker = .MODEL_1..MODEL_1.JP.M_a &
    location = 181.2421605186, 85.8778897026, -602.0        orientation = 0.0, 0.0, 0.0
    marker create marker = .MODEL_1..MODEL_1.JP.M_b &
location = 70.7446499717, 86.619619394, -602.0              orientation = 0.0, 0.0, 0.0
    marker create marker = .MODEL_1..MODEL_1.JP.M_c &
```

```
location = 72.4227714452, 336.6139871472, -602.0 orientation = 0.0, 0.0, 0.0
   marker create marker = .MODEL_1..MODEL_1.JP.M_d &
location = 182.9202819921, 335.8722574558, -602.0 orientation = 0.0, 0.0, 0.0
! ------------------------------------------>>>> 复制116个节片,并删除首个节片
variable create variable_name = ip integer_value = 1
     while condition = (ip <= 116)
         part copy part = .model_1.JP new_part = (unique_name("JP"))
         variable set variable_name = ip integer = (eval(ip + 1))
     end
     variable delete variable_name = ip
part delete part_name = .model_1.JP
! ------------------------------------------>>>> Z向平移节片
variable create variable_name = ipp integer_value = 1
     while condition = (ipp <= 116)
         move object part_name = (eval(".model_1.JP_"//(ipp +1))) &
         c1 = 0.0 c2 = 0.0 c3 = 5.0 &
         cspart_name = (eval(".model_1.JP_"//(ipp)))
     variable set variable_name = ipp integer = (eval(ipp + 1))
     end
variable delete variable_name = ipp
```

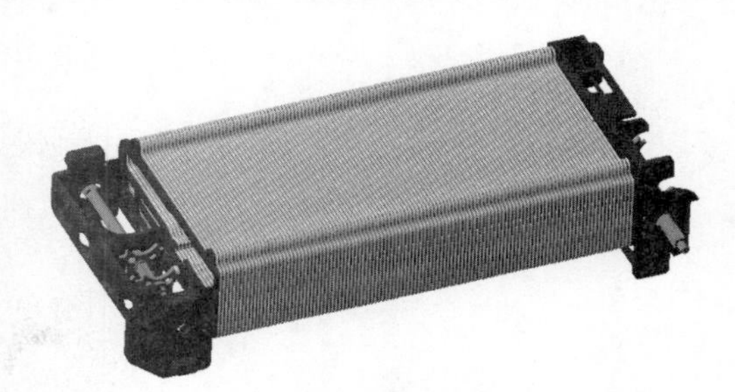

图2-5 上述宏命令所生成的全部节片

(7) 使用宏命令建立节片之间的Bushing模型及首尾节片与接头的Bushing模型。

```
! ------------------------------------------>>> 生成节片之间A点的Bushing
variable create variable_name = ip integer_value = 1
while condition = (ip <= 115)
   force create element_like bushing  bushing_name = (eval("BU_a_"//ip//"_"//ip + 1)) &
      i_marker_name = (eval(".model_1.JP_"//ip//".M_a")) &
      j_marker_name = (eval(".model_1.JP_"//ip + 1//".M_a")) &
      stiffness = 100.0,100.0,100.0  damping = 1.0,1.0,1.0  force_preload = 0.0,0.0,0.0 &
      tstiffness = 100.0,100.0,100.0  tdamping = 1.0,1.0,1.0  torque_preload = 0.0,0.0,0.0
   variable set variable_name = ip integer_value = (eval(ip + 1))
end
variable delete variable_name = ip
```

```
! ----------------------------------------->>> 生成节片之间 B 点的 Bushing
variable create variable_name = ip integer_value = 1
while condition =(ip <=115)
    force create element_like bushing  bushing_name = (eval("BU_b_"//ip//"_"//ip +1)) &
        i_marker_name = (eval(".model_1.JP_"//ip//".M_b")) &
        j_marker_name = (eval(".model_1.JP_"//ip +1 //".M_b")) &
        stiffness =100.0,100.0,100.0    damping =1.0,1.0,1.0   force_preload =0.0,0.0,0.0 &
        tstiffness =100.0,100.0,100.0   tdamping =1.0,1.0,1.0   torque_preload =0.0,0.0,0.0
    variable set variable_name = ip integer_value =(eval(ip +1))
end
variable delete variable_name = ip
! ----------------------------------------->>> 生成节片之间 C 点的 Bushing
variable create variable_name = ip integer_value = 1
while condition =(ip <=115)
    force create element_like bushing  bushing_name = (eval("BU_c_"//ip//"_"//ip +1)) &
        i_marker_name = (eval(".model_1.JP_"//ip//".M_c")) &
        j_marker_name = (eval(".model_1.JP_"//ip +1 //".M_c")) &
        stiffness =100.0,100.0,100.0    damping =1.0,1.0,1.0   force_preload =0.0,0.0,0.0 &
        tstiffness =100.0,100.0,100.0   tdamping =1.0,1.0,1.0   torque_preload =0.0,0.0,0.0
    variable set variable_name = ip integer_value =(eval(ip +1))
end
variable delete variable_name = ip
! ----------------------------------------->>> 生成节片之间 D 点的 Bushing
variable create variable_name = ip integer_value = 1
while condition =(ip <=115)
    force create element_like bushing  bushing_name = (eval("BU_d_"//ip//"_"//ip +1)) &
        i_marker_name = (eval(".model_1.JP_"//ip//".M_d")) &
        j_marker_name = (eval(".model_1.JP_"//ip +1 //".M_d")) &
        stiffness =100.0,100.0,100.0    damping =1.0,1.0,1.0   force_preload =0.0,0.0,0.0 &
        tstiffness =100.0,100.0,100.0   tdamping =1.0,1.0,1.0   torque_preload =0.0,0.0,0.0
    variable set variable_name = ip integer_value =(eval(ip +1))
end
variable delete variable_name = ip
! ----------------------------------------->>> 生成节片 1 与接头 1 之间的 Bushing 模型
force create element_like bushing  bushing_name = BU_a_0_1 &
    i_marker_name = .model_1.base1.M_a j_marker_name = .model_1.JP_1.M_a &
    stiffness =100.0,100.0,100.0 damping =1.0,1.0,1.0 force_preload =0.0,0.0,0.0 &
    tstiffness =100.0,100.0,100.0 tdamping =1.0,1.0,1.0 torque_preload =0.0,0.0,0.0
force create element_like bushing  bushing_name = BU_b_0_1 &
    i_marker_name = .model_1.base1.M_b j_marker_name = .model_1.JP_1.M_b &
    stiffness =100.0,100.0,100.0 damping =1.0,1.0,1.0 force_preload =0.0,0.0,0.0 &
    tstiffness =100.0,100.0,100.0 tdamping =1.0,1.0,1.0 torque_preload =0.0,0.0,0.0
force create element_like bushing  bushing_name = BU_c_0_1 &
    i_marker_name = .model_1.base1.M_c j_marker_name = .model_1.JP_1.M_c &
    stiffness =100.0,100.0,100.0 damping =1.0,1.0,1.0 force_preload =0.0,0.0,0.0 &
    tstiffness =100.0,100.0,100.0 tdamping =1.0,1.0,1.0 torque_preload =0.0,0.0,0.0

force create element_like bushing  bushing_name = BU_d_0_1 &
```

```
    i_marker_name = .model_1.base1.M_d j_marker_name = .model_1.JP_1.M_d &
    stiffness =100.0,100.0,100.0 damping =1.0,1.0,1.0 force_preload =0.0,0.0,0.0 &
    tstiffness =100.0,100.0,100.0 tdamping =1.0,1.0,1.0 torque_preload =0.0,0.0,0.0
! ------------------------------------>>> 生成节片116与接头2之间的Bushing模型
force create element_like bushing bushing_name = BU_a_116_117 &
    i_marker_name = .model_1.JP_116.M_a j_marker_name = .model_1.base2.M_a &
    stiffness =100.0,100.0,100.0 damping =1.0,1.0,1.0 force_preload =0.0,0.0,0.0 &
    tstiffness =100.0,100.0,100.0 tdamping =1.0,1.0,1.0 torque_preload =0.0,0.0,0.0
force create element_like bushing bushing_name = BU_b_116_117 &
    i_marker_name = .model_1.JP_116.M_b j_marker_name = .model_1.base2.M_b &
    stiffness =100.0,100.0,100.0 damping =1.0,1.0,1.0 force_preload =0.0,0.0,0.0 &
    tstiffness =100.0,100.0,100.0 tdamping =1.0,1.0,1.0 torque_preload =0.0,0.0,0.0

force create element_like bushing bushing_name = BU_c_116_117 &
    i_marker_name = .model_1.JP_116.M_c j_marker_name = .model_1.base2.M_c &
    stiffness =100.0,100.0,100.0 damping =1.0,1.0,1.0 force_preload =0.0,0.0,0.0 &
    tstiffness =100.0,100.0,100.0 tdamping =1.0,1.0,1.0 torque_preload =0.0,0.0,0.0

force create element_like bushing bushing_name = BU_d_116_117  &
    i_marker_name = .model_1.JP_116.M_d j_marker_name = .model_1.base2.M_d &
    stiffness =100.0,100.0,100.0 damping =1.0,1.0,1.0 force_preload =0.0,0.0,0.0 &
    tstiffness =100.0,100.0,100.0 tdamping =1.0,1.0,1.0 torque_preload =0.0,0.0,0.0
```

（8）参考上述代码，使用宏命令合并（unite）构成首个弹托的所有零件，并修正弹托实体外层Part名称和内层Solid名称，完成修正后，复制弹托并沿Z向定距平移或者旋转弹托，最终使所有的弹托围绕链轮形成弹托链围，其效果如图2-6所示。

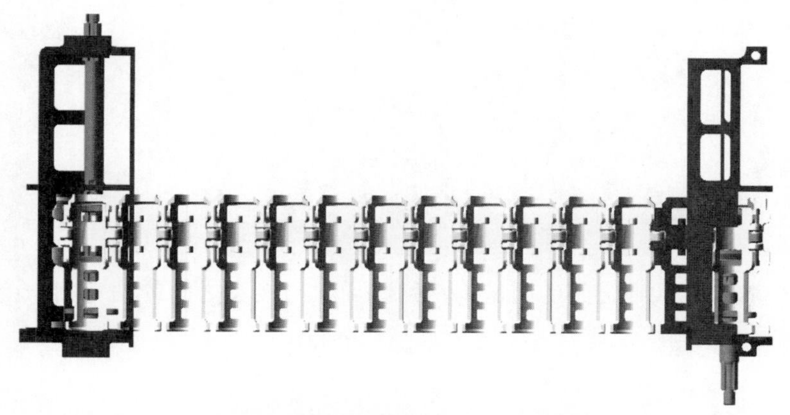

图2-6　使用宏命令所生成的全部弹托

（9）参考上述代码，使用宏命令复制4发炮弹并沿Z向定距平移，最终效果如图2-7所示。

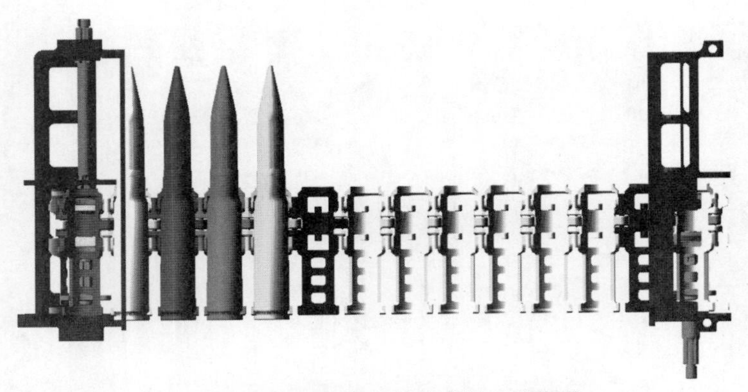

图 2-7 使用宏命令所生成的 4 发炮弹

（10）建立弹托与弹托、弹托与链轮、炮弹与接头、炮弹与节片、节片与节片等 Solid 之间的接触关系，以下是使用宏命令循环建立弹托与弹托之间接触关系的实例，在该宏命令中调用了金属对金属的部分接触参数，而金属对节片、节片对节片的接触关系可以调用步骤（4）中的相关接触参数。

```
! ------------------------------------------>>> 建立弹托与弹托之间的接触关系
variable create variable_name = ipp integer_value = 1
while condition =(ipp < 30)
    contact create contact_name = (eval("CT_DT"//ipp//"_DT"//eval(ipp+1))) &
    i_geometry_name = (eval("DT_"//ipp//".CSG_412")) &
    j_geometry_name = (eval("DT_"//eval(ipp+1)//".CSG_412")) &
    stiffness = ( CT_metal_stiffness ) damping = ( CT_metal_damping ) &
    exponent = ( CT_metal_F_exp ) dmax =( CT_metal_dmax ) no_friction = true
variable set variable_name = ipp integer =(eval(ipp+1))
end
variable delete variable_name = ipp
! ----------------------------------------->>> 建立首弹托与尾弹托之间的接触关系
contact create contact_name = CT_DT30_DT1 &
    i_geometry_name = DT_30.CSG_412  j_geometry_name = DT_1.CSG_412 &
    stiffness = ( CT_metal_stiffness ) damping = ( CT_metal_damping )  &
    exponent = ( CT_metal_F_exp ) dmax =( CT_metal_dmax ) no_friction = true
```

（11）建立接头与大地之间的固定副、弹链导轨与接头之间的固定副、链轮与接头之间的旋转副等实体之间的连接关系，以下是部分的建模宏命令。

```
! --------------------------------------->>> 建立接头与大地之间的固定副
marker create marker = .MODEL_1.Base1.MAR_CM &
   location = .MODEL_1.Base1.cm    orientation = 0.0, 0.0, 0.0
marker create marker = .MODEL_1.ground.Base1_Fixed_MAR &
   location =.MODEL_1.Base1.cm    orientation = 0.0, 0.0, 0.0
```

```
constraint create joint Fixed    joint_name = Base1_Ground_Fixed  &
    i_marker_name = .MODEL_1.Base1.MAR_CM  &
    j_marker_name = .MODEL_1.ground.Base1_Fixed_MAR
! ---------------------------------------------->>> 建立弹链导轨与接头之间的固定副
marker create marker = .MODEL_1.CHAIN_GUIDE1.MAR_CM &
    location = .MODEL_1.CHAIN_GUIDE1.cm     orientation = 0.0, 0.0, 0.0
marker create marker = .MODEL_1.Base1.CHAIN_GUIDE1_Fixed_MAR &
    location = .MODEL_1.CHAIN_GUIDE1.cm    orientation = 0.0, 0.0, 0.0
constraint create joint Fixed   joint_name = CHAIN_GUIDE1_Base1_Fixed_MAR &
    i_marker_name = .MODEL_1.CHAIN_GUIDE1.MAR_CM   &
    j_marker_name = .MODEL_1.Base1.CHAIN_GUIDE1_Fixed_MAR
! ---------------------------------------------->>> 建立链轮与接头之间的旋转副
marker create marker = .MODEL_1.CHAIN_GEAR1.MAR_R &
    location = 88.8819418743, 240.000010637, -653.0000000001    orientation = 180.0,
90.0, 180.0
marker create marker = .MODEL_1.Base1.CHAIN_GEAR1_MAR_R &
    location = 88.8819418743, 240.000010637, -653.0000000001    orientation = 180.0,
90.0, 180.0
constraint create joint Revolute  joint_name = Revo_CHAIN_GEAR1 &
    i_marker_name = .MODEL_1.CHAIN_GEAR1.MAR_R &
    j_marker_name = .MODEL_1.Base1.CHAIN_GEAR1_MAR_R
```

（12）此次建模共计建立464个Bushing模型、4079个接触关系，为了便于观察模型，需要隐藏全部的Bushing及接触关系，以下是部分宏命令。

```
! ------------------------------------------------>>> 隐藏 Bushing 模型
variable create variable_name = ip integer_value =1
while condition =(ip <= 116)
    entity attributes entity_name = (eval("BU_a_"//ip//"_"//ip+1))  visibility =off
    entity attributes entity_name = (eval("BU_b_"//ip//"_"//ip+1))  visibility =off
    entity attributes entity_name = (eval("BU_c_"//ip//"_"//ip+1))  visibility =off
    entity attributes entity_name = (eval("BU_d_"//ip//"_"//ip+1))  visibility =off
variable set variable_name = ip integer =(eval(ip+1))
end
variable delete variable_name = ip
! ------------------------------------------------>>> 隐藏弹托与节片之间的接触关系
variable create variable_name = ip   integer_value =1
while condition =(ip <= 30)
      variable create variable_name = ipp integer_value = 1
      while condition =(ipp <= 116)
          entity attributes entity_name = (eval("CT_DT_"//ip//"_JP_"//ipp))  visi-
bility =off
      variable set variable_name = ipp integer =(eval(ipp+1))
      end
      variable delete variable_name = ipp
variable set variable_name = ip integer =(eval(ip+1))
end
variable delete variable_name = ip
```

最终所建立的软导引动力学模型如图 2－8 所示，基于此模型进行初步仿真并校验模型后，即可修改模型执行其他分析。

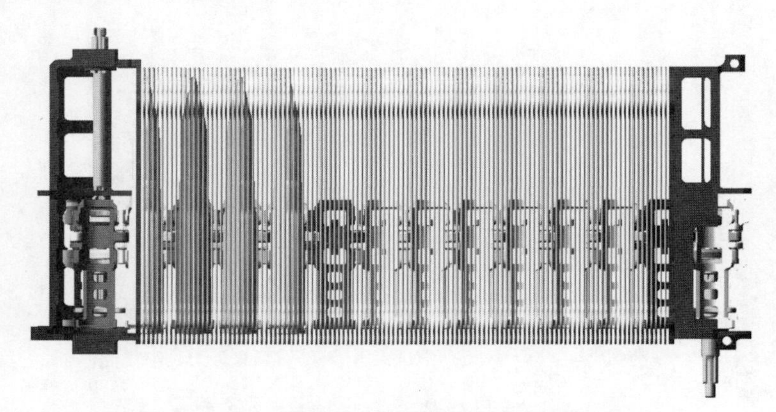

图 2－8 最终所建立的软导引动力学模型

2.2.3 极限后坐位移和极限扭转角度下软导引过弹通畅性分析

（1）极限后坐位移和极限扭转角度设置

为了考察软导引在极限射击条件下的通畅特性，需要将右端的软导引接头后坐 30 mm，并旋转 70°，因为前文已经建立了软导引进出口接头的固定副，所以这里需要将右端接头的固定副失效处理，然后建立该接头的平面运动副和定义运动副幅值曲线。以上过程的宏命令如下所示：

```
!------------------------------------------->>> 将右端接头的固定副失效处理
entity attr entity_name=.MODEL_1.Base1_Ground_Fixed  active=off  dependents_active=off
!------------------------------------------->>> 建立右端接头的平面副
marker create marker= .MODEL_1.Base1.MAR_T_R &
    location=88.8819418743,181.500010637, -607.0000000001   orientation=0.0,0.0,0.0
marker create marker= .MODEL_1.ground.MAR_Base1_T_R &
    location=88.8819418743,181.500010637, -607.0000000001   orientation=0.0,0.0,0.0
constraint create joint Planar   joint_name=.MODEL_1.JieTou_R70_T30 &
    i_marker_name = .MODEL_1.Base1.MAR_T_R  &
    j_marker_name = .MODEL_1.ground.MAR_Base1_T_R
!------------------------------------------->>> 建立右端接头的平面运动副幅值曲线
mdi default_instance create general_motion  model=.MODEL_1  name="Motion_R70_T30"  &
    i_marker= .MODEL_1.Base1.MAR_T_R  &
    j_marker= .MODEL_1.ground.MAR_Base1_T_R &
    constraint=.MODEL_1.JieTou_R70_T30  &
    show_dbox=yes
```

```
var set var =.MODEL_1.Motion_R70_T30.t1_type int =1
var set var =.MODEL_1.Motion_R70_T30.t2_type int =1
var set var =.MODEL_1.Motion_R70_T30.r3_type int =1

assembly mod ins ins =.MODEL_1.Motion_R70_T30
constraint modify motion motion_name =.MODEL_1.Motion_R70_T30.motion_t1  func ="0.0"
constraint modify motion motion_name =.MODEL_1.Motion_R70_T30.motion_t2  &
    func ="step(time, 0.0, 0.0, 0.1, -30.0)"
constraint modify motion motion_name =.MODEL_1.Motion_R70_T30.motion_r3  &
    func ="step(time, 0.11, 0.0, 0.2, 70.0d)"

interface dialog undisplay dialog =.gui.general_motion_cremod
```

使用以下宏命令为左端链轮建立旋转驱动，设置求解器参数、设定仿真总时间与总步数，并提交计算。

```
! ------------------------------------------->>> 建立左端链轮的驱动力矩
marker create marker =.MODEL_1.CHAIN_GEAR1.MARKER_1886 &
    location = 88.8819418743, 240.000010637, -653.0000000001   orientation = 180.0,
90.0, 180.0
marker create marker =.MODEL_1.CHAIN_GEAR1.MARKER_1887 &
    location = 88.8819418743, 240.000010637, -653.0000000001   orientation = 180.0,
90.0, 180.0
force create direct single_component_force &
     single_component_force_name =.MODEL_1.T18NM_CHAIN_GEAR1 &
     type_of_freedom =rotational &
     action_only = on &
     i_marker_name =.MODEL_1.CHAIN_GEAR1.MARKER_1886 &
     j_marker_name =.MODEL_1.CHAIN_GEAR1.MARKER_1887 &
     function = "step(time, 0.201, 0.0, 0.5, 18e3)"
! ------------------------------------------->>> 设置求解器参数
executive set numerical model = .MODEL_1 integrator = Newmark
! ------------------------------------------->>> 设置线程数量、求解总时长与总步数
executive_control set preferences thread_count = 4
    simulation single set update = "none"
    simulation single trans &
    type              = auto_select  &
    initial_static    = no  &
    end_time          = 1.0  &
    number_of_steps  = 10000
```

（2）极限后坐位移和极限扭转角度下软导引通畅性分析

动力学仿真结果如图2－9所示，在自动机极限后坐位移和极限扭转角度下，软导引可以顺利地将炮弹输送到自动机进弹口，这说明软导引的通畅性是有保障的，也说明了动力学建模方法的正确性。

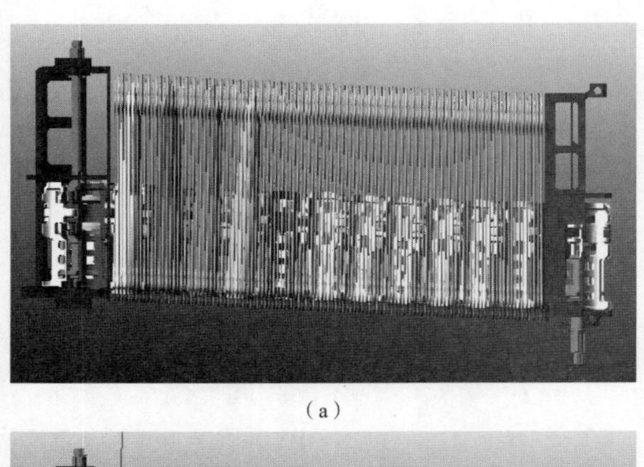

（a）

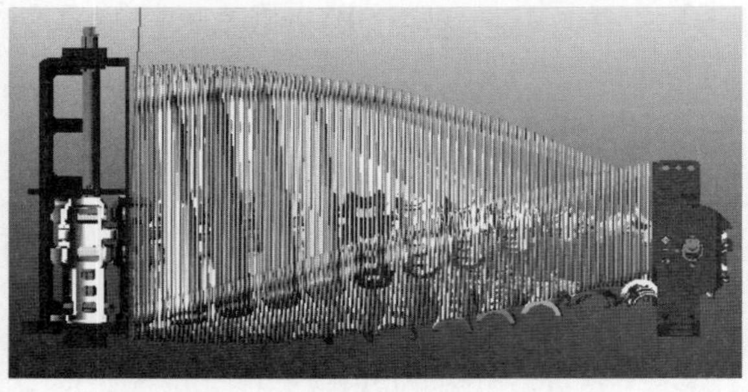

（b）

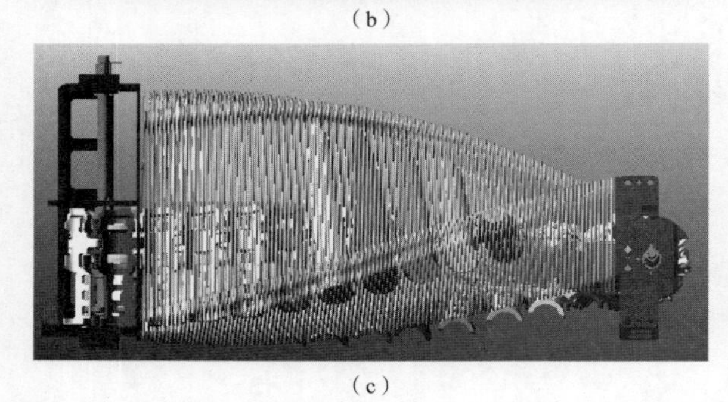

（c）

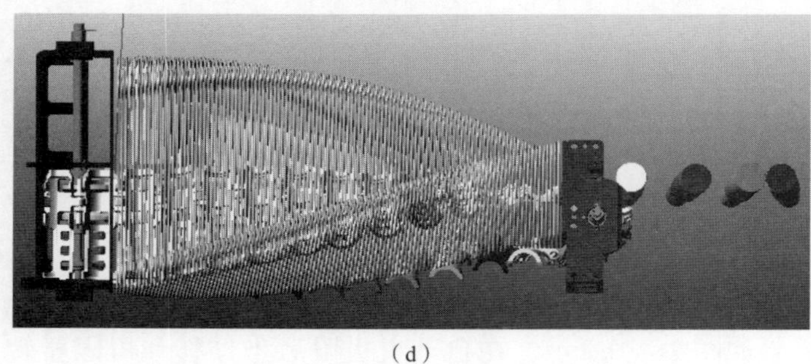

（d）

图 2－9　软导引极限位置下的通畅性仿真

（a）软导引端头后坐到极限位置；（b）软导引端头后坐到极限位置后旋转 70°；

（c）驱动左端链轮旋转；（d）炮弹从软导引右端出口输出

软导引各个运动件的速度如图 2－10 所示，当全部炮弹被抛出软导引接口时（0.6 s 左右），左端齿轮和右端齿轮的转速基本一致，稳定值约为 5 000°/s＝8 ×× 转/分，供弹速度约为 3 ××× 发/分。炮弹和弹托分离之前，二者的最大平动速度为 3.4 m/s，第一发炮弹的出口速度约为 3.8 m/s，这说明炮弹在软导引内的输送过程是比较平稳的。

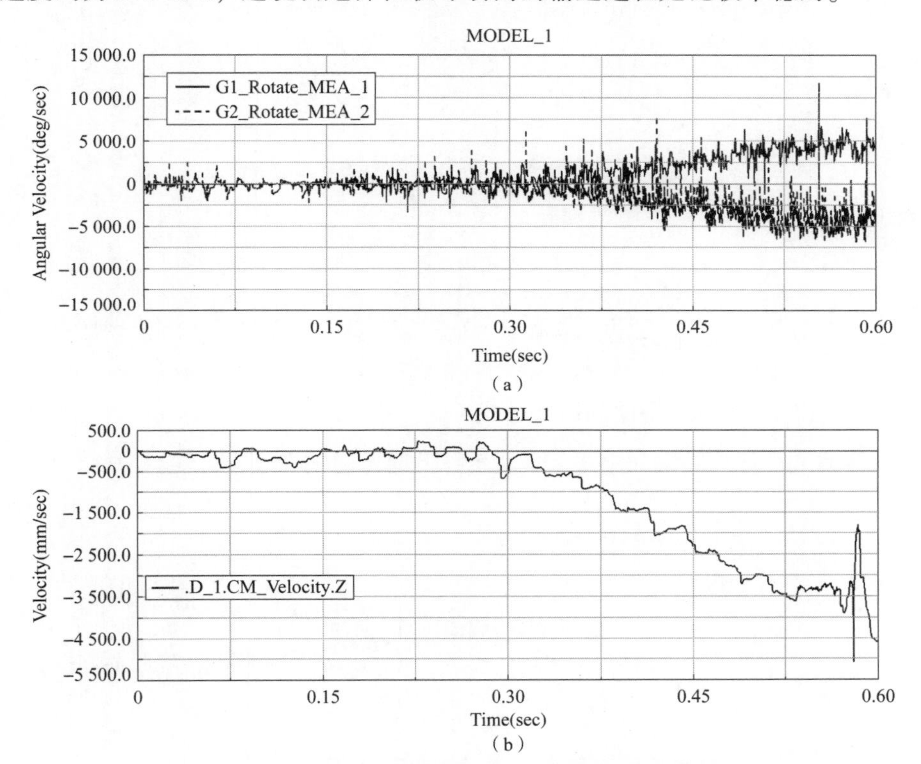

图 2－10　软导引极限位置下的链轮的转速与炮弹的速度

(a) 左、右两端链轮的转速；(b) 第一发炮弹的运动速度

2.2.4　零部件之间的摩擦属性对软导引过弹通畅性的影响

(1) 零部件之间接触属性的修正

为软导引选择驱动电机时，必须考虑摩擦力等因素对软导引传输性能的影响。因此这里需要修正金属与金属之间、炮弹与节片之间、节片与节片之间的接触属性，并再次提交计算，以下是修正金属间接触属性的宏命令。

```
! ------------------------------------------------->>> 修正弹托与弹托之间的接触关系
variable create variable_name = ipp integer_value = 1
```

```
while condition =(ipp < 30)
    contact modify contact_name = (eval("CT_DT"//ipp//"_DT"//eval(ipp +1))) &
    i_geometry_name = (eval("DT_"//ipp//".CSG_412"))  &
    j_geometry_name = (eval("DT_"//eval(ipp +1)//".CSG_412"))  &
    stiffness = ( CT_metal_stiffness ) damping = ( CT_metal_damping )  &
    exponent = ( CT_metal_F_exp )  dmax =( CT_metal_dmax )  coulomb_friction = on  &
    mu_static = (CT_metal_Co_static)  mu_dynamic = (CT_metal_Co_dynamic)  &
    stiction_transition_velocity = ( CT_metal_STV )  &
    friction_transition_velocity = ( CT_metal_FTV )
variable set variable_name = ipp integer =(eval(ipp +1))
end
variable delete variable_name = ipp
! ------------------------------------------->>> 修正首弹托与尾弹托之间的接触关系
contact modify contact_name = CT_DT30_DT1 &
    i_geometry_name = DT_30.CSG_412  j_geometry_name = DT_1.CSG_412 &
    stiffness = ( CT_metal_stiffness ) damping = ( CT_metal_damping )  &
    exponent = ( CT_metal_F_exp )  dmax =( CT_metal_dmax )  coulomb_friction = on  &
    mu_static = (CT_metal_Co_static)  mu_dynamic = (CT_metal_Co_dynamic)  &
    stiction_transition_velocity = ( CT_metal_STV )  &
    friction_transition_velocity = ( CT_metal_FTV )
```

（2）摩擦力对软导引通畅性的影响分析

添加摩擦力之后计算结果如图 2－11 所示，此时链轮的转速下降至 3 500 °/s（5 ×× 转/

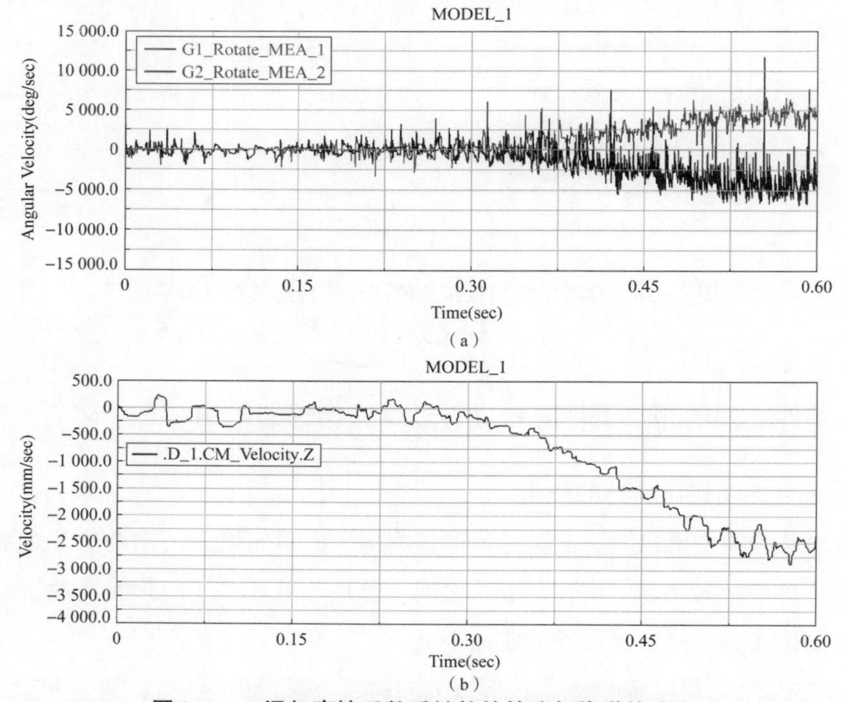

图 2－11　添加摩擦系数后链轮的转速与炮弹的速度

（a）左右两端链轮的转速；（b）第一发炮弹的运动速度

分），对应供弹速度为 2××× 发/分。在摩擦力的阻滞下，炮弹出口速度降为 2.6 m/s，这说明摩擦力对软导引的输送速度影响较大（降幅 31.5%），所以，为软导引装置选择驱动电机时必须考虑摩擦损耗的影响。

2.3　矩形框式软导引的结构原理与动力学仿真目标

2.3.1　矩形框式软导引的结构原理

鉴于节片式软导引是一种摩擦阻力较大的供输弹装置，当传输距离较长且软导引有扭曲时，供输弹阻力很大，因此，我们有必要构思一款低摩阻供输弹软导引。文献［1］的 7.13 节介绍了一种拥有双层过弹通道的矩形框式模块化无链供弹软导引。如图 2－12 所示，该软导引中的框式单元可以快速地被拆卸和装配，这能减少软导引的维修成本和维护时间。但工程经验显示，这种软导引在反转退弹过程中容易发生弹托擦挂舌扣、衔接扣和炮弹歪斜等情况，进而导致供弹过程发生卡滞，甚至导致软导引塑性变形与损坏。现在对这种软导引进行技术上的改进，具体措施有以下三条：

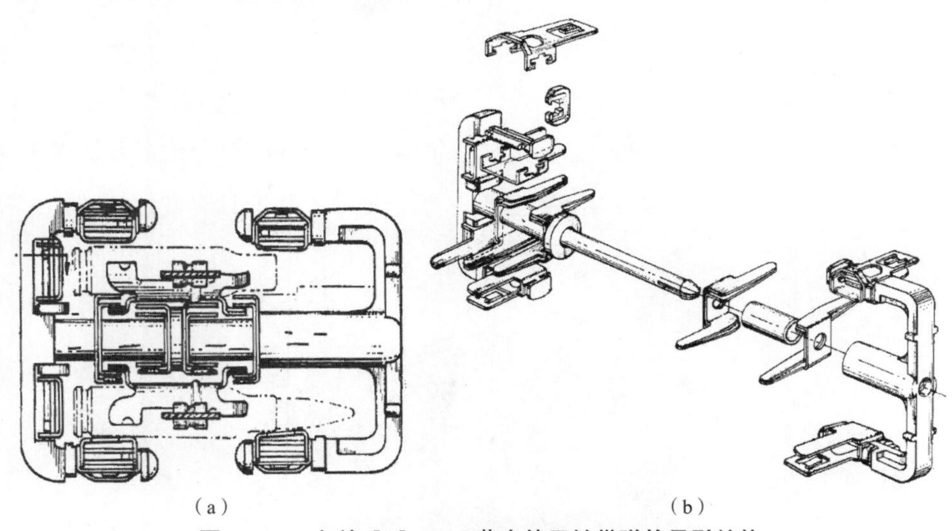

（a）　　　　　　　　　　　　（b）

图 2－12　文献［1］7.13 节中的无链供弹软导引结构

（a）无链供弹软导引与被传输的炮弹、弹壳；（b）无链供弹软导引单元

（1）如图 2－13 所示，采用长弹托托住炮弹，降低炮弹与舌扣、衔接扣的接触、擦挂概率；

（2）如图 2 – 13 所示，弹托两端各装配一个大滚轮，用滚动代替滑动来降低供弹和退弹过程的输送阻力；

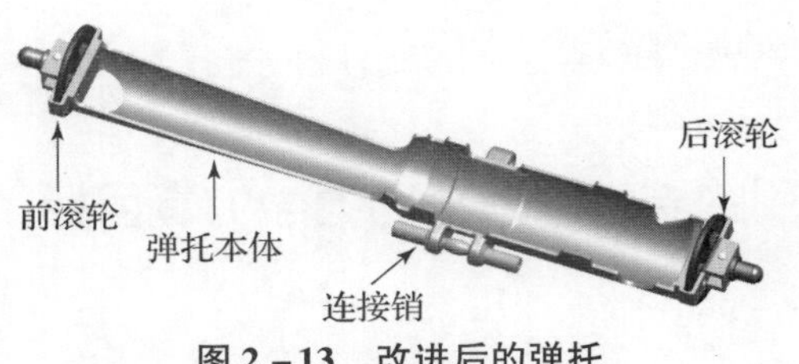

图 2 – 13　改进后的弹托

（3）如图 2 – 14 所示，在框式单元的外侧装配铝片，使其压住舌扣和衔接扣，以便于将它们与框体单元固定并防止擦挂其他物体，以此来提高整体结构的可靠性。

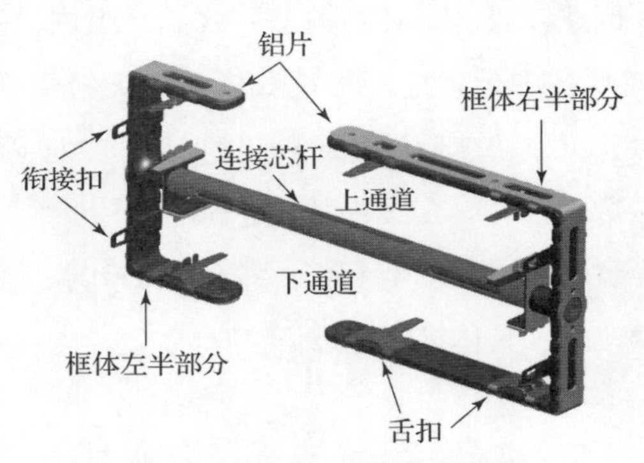

图 2 – 14　改进后的单个框体

升级后的整个软导引装置如图 2 – 15 所示。由于这种软导引装置依赖框体单元之间的弹性金属片来建立连接和维持整体柔度，因此，整个软导引装置具有较好的扇形、扭转和卷曲功能，只是重量较大。

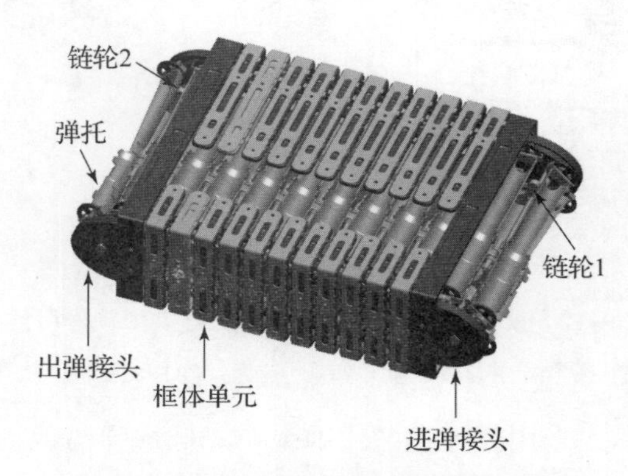

图 2 – 15　改进后的整个软导引装置

2.3.2　矩形框式软导引动力学仿真的目标

矩形框式软导引中的舌扣和衔接扣等金属片是弹托滚轮的运动支撑，但在 Adams 中难以建立舌扣、衔接扣等金属片的柔性变形特性，所以无法像上节那样使用轴套力（Bushing）模型来模拟软导引单元之间的柔性。因此，本书作者只对固定构型的软导引进行仿真，仿真目标有以下两个：

（1）通过建模与仿真加深对矩形框式软导引的认识；

（2）分析矩形框式软导引的过弹通畅性。

2.4　矩形框式软导引的动力学快速建模过程与结果分析

2.4.1　矩形框式软导引动力学建模的关键点

矩形框式软导引中的零部件数目较多，导致零部件之间的接触关系十分复杂，本书采用的做法是：①使用条件与循环语句结合功能性宏命令的方法，快速地过滤和修正零件外层 Part 名称和内层 Solid 名称；②采用 IF 查询语句结合嵌套双循环的方法，建立零部件之间的接触关系。

2.4.2　矩形框式软导引动力学模型的快速建立过程

与 2.2 节的建模过程不同，建立矩形框式软导引动力学模型时，需提前准备好完整的三维模型，详细的建模过程如下：

（1）使用 1.2.2 节中宏命令搜索和导入三维模型的同时，使用以下宏命令设置单位制、修正背景色和关闭栅格。

```
! ------------------------------------------------------------>>> 设置单位制
default units length = mm mass = kg force = newton time = Second angle = degrees frequency = hz
! ------------------------------------------------------------>>> 修正背景色
colors modify color_name = .colors.Background &
red_component = 1.0 blue_component = 1.0 green_component = 1.0 gradient = "none"
defaults attributes icon_visibility = "off"
view man mod render = shaded
! ------------------------------------------------------------>>> 关闭栅格
int grid und grid = .gui.grid view = ( db_default( .system_defaults, "view" ))
```

（2）使用1.4节中 Python 代码清理模型，并同时将那些不动的、不和其他零部件接触的零件删除。

（3）使用宏命令修正两端接头、弹托、弹链导轨、链轮、框体等全部实体的内外层名称，修正实体内外层名称的目的是对实体的内外层编号按顺序重新编排，以便于后期使用宏命令实现建模自动化。以下是合并（merge）构成弹托组件所需全部零件，并修正弹托外层 Part 名称和内层 Solid 名称的宏命令实例。

```
! ---------------------------------------------->>>> 合并单个弹托所需全部零件
variable create variable_name = ip integer_value = 1
while condition =(ip <= 40 )
    if condition = (eval(DB_EXISTS("DANTUO_0420_"//ip)))
        ! -------------------------------------->>>> 滚轮与弹托的合并
        part merge rigid_body part_name = (eval( "GUNLUN_0420_"//2 * ip -1 )) &
                              into_part = (eval( "DANTUO_0420_"//ip ))
        part merge rigid_body part_name = (eval( "GUNLUN_0420_"//2 * ip )) &
                              into_part = (eval( "DANTUO_0420_"//ip ))
! ---------------------------------------------->>>> 链节与弹托的合并
        part merge rigid_body part_name = (eval( "LIANJIE_0421_"//2 * ip -1 )) &
                              into_part = (eval( "DANTUO_0420_"//ip ))
        part merge rigid_body part_name = (eval( "LIANJIE_0421_"//2 * ip )) &
                              into_part = (eval( "DANTUO_0420_"//ip ))
! ---------------------------------------------->>>> 铆钉与弹托的合并
        part merge rigid_body part_name = (eval( "MAODING_0421_"//2 * ip -1 )) &
                              into_part = (eval( "DANTUO_0420_"//ip ))
        part merge rigid_body part_name = (eval( "MAODING_0421_"//2 * ip )) &
                              into_part = (eval( "DANTUO_0420_"//ip ))
! ---------------------------------------------->>>> 销帽与弹托的合并
        part merge rigid_body part_name = (eval( "XIAOMAO_0421_"//2 * ip -1 )) &
                              into_part = (eval( "DANTUO_0420_"//ip ))
        part merge rigid_body part_name = (eval( "XIAOMAO_0421_"//2 * ip )) &
                              into_part = (eval( "DANTUO_0420_"//ip ))
! ---------------------------------------------->>>> 滚子与弹托的合并
        part merge rigid_body part_name = (eval( "GUNZI_0421_"//2 * ip -1 )) &
                              into_part = (eval( "DANTUO_0420_"//ip ))
        part merge rigid_body part_name = (eval( "GUNZI_0421_"//2 * ip )) &
                              into_part = (eval( "DANTUO_0420_"//ip ))
! ---------------------------------------------->>>> 鼓形销与弹托的合并
        part merge rigid_body part_name = (eval( "QA054_03_225_XIAOTAO_"//ip ))  &
                              into_part = (eval( "DANTUO_0420_"//ip ))
        part merge rigid_body part_name = (eval( "QA054_03_224_GUXINGXIAO_"//ip )) &
                              into_part = (eval( "DANTUO_0420_"//ip ))
    end
    variable set variable_name = ip integer =(eval(ip +1))
end
```

```
variable delete variable_name = ip
! ---------------------------------------->>>> 四层嵌套修正所有弹托内层 Solid 序号
variable create variable_name = ip_dt integer_value = 1
while condition = (ip_dt <= 50 )
    variable create variable_name = ip integer_value = 1
    variable create variable_name = ipp integer_value = 1 !
    while condition = (ipp <= 600 )
        if condition = (eval(DB_EXISTS( "DANTUO_0420_"//ip_dt//".SOLID" //ipp)))
                if condition =( ipp == ip )
                    variable set variable_name = ip integer = (eval(ip +1))
                else
                    entity modify entity = (eval( "DANTUO_0420_"//ip_dt//".SOLID"
//ipp)) &
                            new = (eval("DANTUO_0420_"//ip_dt//".SOLID" //ip))
                    variable set variable_name = ip integer = (eval(ip +1))
                end
            variable set variable_name = ipp integer = (eval(ipp +1))
        else
            variable set variable_name = ipp integer = (eval(ipp +1))
            continue
        end
    end
    variable delete variable_name = ipp
    variable delete variable_name = ip
variable set variable_name = ip_dt integer = (eval(ip_dt +1))
end
variable delete variable_name = ip_dt
```

（4）基于以上所建立的外框、弹链导轨、端头等 Part，使用宏命令建立它们的固定副，以下是建立全部框式单元固定副的宏命令。

```
! ------------------------------------------->>>> 建立矩形框式软导引单元的固定副
variable create variable_name = ip integer_value = 1
while condition = (ip <= 50 )
    if condition = (eval(DB_EXISTS( "WK_A_0420_"//ip )))
        marker create marker = (eval( "WK_A_0420_"//ip//".MAR_CM" )) &
            location = (eval( "WK_A_0420_"//ip//".cm" ))    orientation = 0.0, 0.0, 0.0
        marker create marker = (eval( "ground.WK_A_0420_"//ip//"_Fixed_MAR" )) &
            location = (eval( "WK_A_0420_"//ip//".cm" ))    orientation = 0.0, 0.0, 0.0
        constraint create joint Fixed joint_name = (eval( "WK_A_0420_"//ip//"_Fixed_
Joint" )) &
            i_marker_name = (eval( "WK_A_0420_"//ip//".MAR_CM" )) &
            j_marker_name = (eval("ground.WK_A_0420_"//ip//"_Fixed_MAR" ))
    end
    variable set variable_name = ip integer = (eval(ip +1))
end
```

```
variable delete variable_name = ip
! ------------------------------------------->>>> 建立进弹口附近固定框体的固定副
marker create marker = WK_END_A_0507.MAR_CM &
   location = WK_END_A_0507.cm    orientation = 0.0, 0.0, 0.0
marker create marker = ground.WK_END_A_0507_Fixed_MAR &
   location = WK_END_A_0507.cm    orientation = 0.0, 0.0, 0.0
constraint create joint Fixed joint_name = WK_END_A_0507_Fixed  &
   i_marker_name = WK_END_A_0507.MAR_CM  &
   j_marker_name = ground.WK_END_A_0507_Fixed_MAR
! ------------------------------------------->>>> 建立出弹口附近固定框体的固定副
marker create marker = WK_END_B_0507.MAR_CM &
   location = WK_END_B_0507.cm    orientation = 0.0, 0.0, 0.0
marker create marker = ground.WK_END_B_0507_Fixed_MAR &
   location = WK_END_B_0507.cm    orientation = 0.0, 0.0, 0.0
constraint create joint Fixed joint_name = WK_END_B_0507_Fixed  &
    i_marker_name = WK_END_B_0507.MAR_CM  &
    j_marker_name = ground.WK_END_B_0507_Fixed_MAR
```

（5）基于以上所建立的两个链轮 Part，使用宏命令建立它们的旋转副，并在左链轮上施加 5 Nm 的驱动力矩。

```
! ------------------------------------------->>>> 建立左链轮的旋转副
marker create marker =.MODEL_1.ZHOU_BDL_1.Rot &
    location =85.3, 494.0, 47.54    orientation =90.0, 90.0, 0.0
marker create marker =.MODEL_1.DAOGUI_1.Rot_BDL_1 &
    location =85.3, 494.0, 47.54    orientation =90.0, 90.0, 0.0
constraint create joint Revolute  joint_name =.MODEL_1.lianlun_1_Rot_joint &
    i_marker_name =.MODEL_1.ZHOU_BDL_1.Rot &
    j_marker_name =.MODEL_1.DAOGUI_1.Rot_BDL_1
! ------------------------------------------->>>> 建立右链轮的旋转副
marker create marker =.MODEL_1.ZHOU_BDL_2.Rot &
    location =85.3, -26.0, 47.54    orientation =90.0, 90.0, 0.0
marker create marker =.MODEL_1.DAOGUI_2.Rot_BDL_2 &
    location =85.3, -26.0, 47.54    orientation =90.0, 90.0, 0.0
constraint create joint Revolute  joint_name =.MODEL_1.lianlun_2_Rot_joint &
    i_marker_name =.MODEL_1.ZHOU_BDL_2.Rot &
    j_marker_name =.MODEL_1.DAOGUI_2.Rot_BDL_2
! ------------------------------------------->>>> 在左链轮上施加驱动力矩
force create direct single_component_force &
        single_component_force_name =.MODEL_1.T5NM &
        type_of_freedom =rotational &
        action_only = on &
        i_marker_name =.MODEL_1.ZHOU_BDL_1.Rot &
        j_marker_name =.MODEL_1.DAOGUI_1.Rot_BDL_1 &
        function = "5000.0"
```

（6）基于以上 Part，建立弹托与弹托、弹托与链轮、炮弹与接头、炮弹与框体、弹托与框体等 Solid 之间的接触关系，一共建立接触关系 1 320 个。以下是使用 IF 查询语句结合嵌套双循环建立弹托与框体之间接触关系的实例。

```
! ---------------------------------------------->>>> 建立弹托滚轮与外框之间的接触关系
variable create variable_name = ip_dt integer_value = 1
while condition =(ip_dt <= 30 )
    if condition = (eval(DB_EXISTS( ".MODEL_1.DANTUO_0420_"//ip_dt//".SOLID3" )))
         variable create variable_name = ipp integer_value = 1
         while condition =(ipp <= 15 )
             if condition =(eval(DB_EXISTS(".MODEL_1.WK_A_0420_"//ipp//".SOLID5")))
                  contact create contact_name = (eval("CT_GL2"//ip_dt//"_WK"//ipp )) &
                  i_geometry_name =(eval("DANTUO_0420_"//ip_dt//".SOLID2")) &
                  j_geometry_name =(eval("WK_A_"//ipp//".SOLID8")),(eval("WK_A_"//
ipp//".SOLID9")) &
                  stiffness = 1.0E+005  damping = 200.0 exponent = 2.2  dmax = 0.1
no_friction = true
                  contact create contact_name = (eval("CT_GL3"//ip_dt//"_WK"//ipp )) &
                  i_geometry_name =(eval("DANTUO_0420_"//ip_dt//".SOLID3")) &
                  j_geometry_name =(eval("WK_A_"//ipp//".SOLID5")),(eval("WK_A_"//
ipp//".SOLID6")) &
                  stiffness = 1.0E+005  damping = 200.0 exponent = 2.2  dmax = 0.1
no_friction = true

                  variable set variable_name = ipp integer =(eval(ipp +1))
             else
                  variable set variable_name = ipp integer =(eval(ipp +1))
                  continue
             end
         end
            variable delete variable_name = ipp
         variable set variable_name = ip_dt integer =(eval(ip_dt +1))
    else
         variable set variable_name = ip_dt integer =(eval(ip_dt +1))
         continue
    end
end
variable delete variable_name = ip_dt
```

（7）最终所建立的矩形框式软导引动力学模型如图 2－16 所示，校验模型后，即可使用以下宏命令设置求解器参数、设定仿真总时间与总步数，并提交计算。

图 2－16　最终所建立的矩形框式软导引动力学模型（隐藏部分矩形框体单元）

```
! ---------------------------------------->>> 设置求解器参数
executive set numerical model = .MODEL_1 integrator = Newmark
! ---------------------------------------->>> 设置线程数量、求解总时长与总步数
executive_control set preferences thread_count = 4
   simulation single set update = "none"
   simulation single trans &
   type            = auto_select  &
   initial_static  = no   &
   end_time        = 1.0  &
   number_of_steps = 10000
```

2.4.3 矩形框式软导引过弹通畅性分析

如图 2 - 17 所示，该矩形框式软导引利用滚动来传输弹托，所以可以使用较小的驱动力矩将炮弹输送出软导引，这说明软导引的通畅性是有保障的，同时说明了动力学建模过程的正确性。

图 2 - 17　炮弹从矩形框式软导引中输出

软导引中部分运动件的速度如图 2 - 18 所示，0.45 s 左右炮弹被抛出软导引接口，此时的供弹速度约为 2 ××× 发/分；图 2 - 18（b）显示第一发炮弹的输送速度基本呈线性变化，到达出弹口时速度约为 2.6 m/s，这显示炮弹在软导引内的输送过程是比较平稳的。

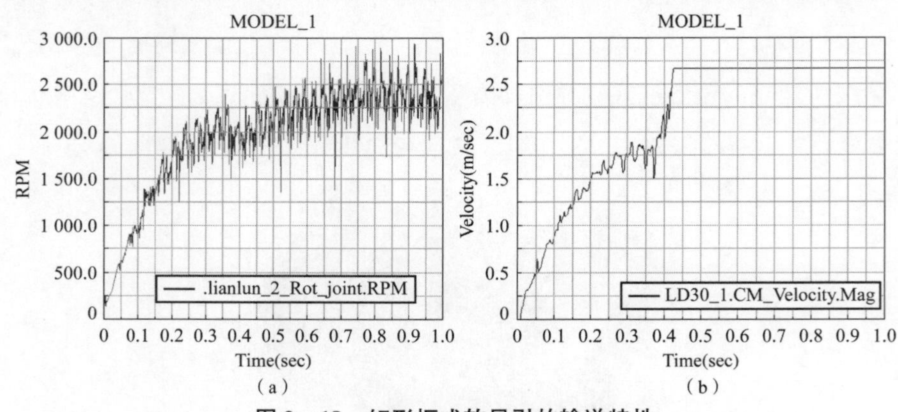

图 2 - 18　矩形框式软导引的输送特性

（a）软导引的供弹速度；（b）炮弹的传输速度

第 3 章
链传动弹箱动力学模型快速建模技术

基于链传动的箱式无链供弹弹箱主要使用标准工业级滚子链的链条和链轮作为输送载体，配合弹托（推弹杆）、固定导引（导槽）、拨弹轮和箱板等零部件形成弹箱。和有链供弹相比，箱式无链供弹无须压弹和脱链，便于自动化和无人化操控，是目前大多数军工企业的重点发展方向。受启动、制动条件和链传动本身的传动特性等因素的制约，一般情况下，基于链传动的单个无链供弹弹箱载弹量小于 200 发，供弹速度在 2 000 发/分以下。例如，德国 BK27 转膛航炮的快速启动弹箱（图 3－1）和美国阿帕奇武装直升机航炮（图 3－2）的双层弹箱均采用链传动无链供弹技术。

图 3－1　BK27 转膛航炮及链传动快速启动弹箱

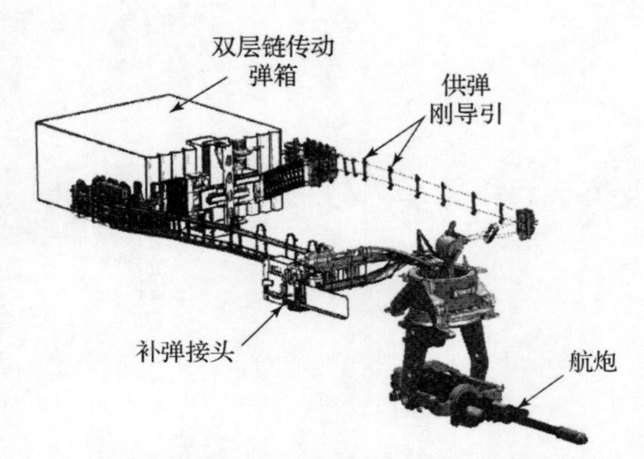

图 3-2 阿帕奇武装直升机的航炮系统

链传动装置内的零部件数量较多，且链条与链条之间旋转铰接关系、链轮与链条等零部件之间的接触关系比较复杂，因此，使用传统方法对其建模比较困难。本章主要介绍标准链传动弹箱的快速建模过程，非标准链传动弹箱的建模过程与此类似，可以直接借鉴。

3.1 链传动弹箱的结构原理与动力学仿真目标

3.1.1 链传动弹箱的结构原理

如图 3-3 所示，当前所设计的链传动弹箱是一种装载在轻型火力系统上的双弹种供弹装置，其中左侧的弹种 A 弹箱存储弹数较少，为辅用弹种；右侧的弹种 B 弹箱装弹量较多，为主用弹种。供弹装置主要由前后驱动链条组件、链轮组件、前后箱板、中隔板、弹托组件和供补弹活门等零部件组成，虽然零部件种类较少，但数量较多。

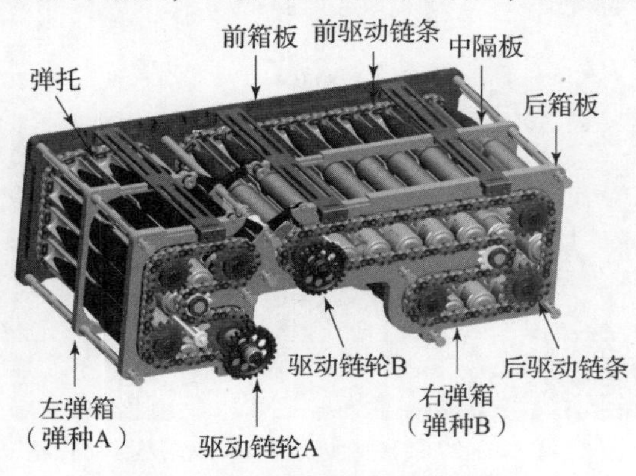

图 3-3 链传动无链供弹弹箱

如图 3－4 所示，驱动链条内的连接销分为长、短两类，其中长连接销的外侧装配有小滚轮，小滚轮在前、后箱板内的导槽中运动，以使得链条按照预定轨迹传输炮弹。弹托通过首、尾的长连接销与前、后驱动链条固连，使其“悬置”在弹箱之内，以避免与前、后箱板和其他弹托发生接触或碰撞。

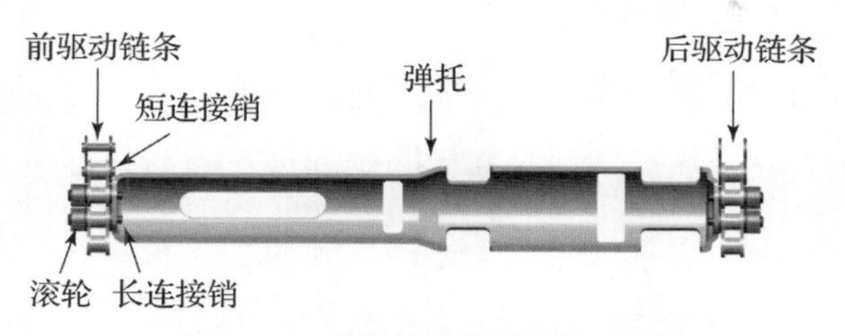

图 3－4　弹托与链条的结合方式

如图 3－5 所示，射击时左侧小型弹箱内的链围顺时针传输，通过出口活门和出口通道，将炮弹输送到自动机的弹种 A 进弹接口之中；自动炮切换弹种 B 后，右侧小型弹箱内的链围逆时针传输，通过出口活门和出口通道，将炮弹输送到自动机的弹种 B 进弹接口之中。补弹时将供弹装置上侧的补弹口打开，使用专用扳手反向驱动左侧或者右侧的小型弹箱，逐发装填炮弹之后，可完成供弹装置的补弹工作。

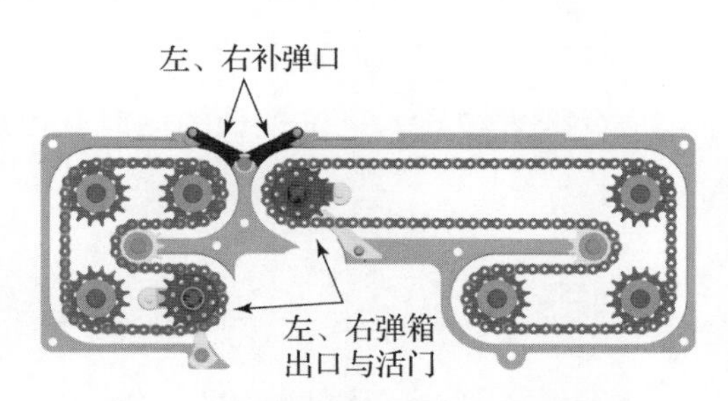

图 3－5　链传动弹箱的出弹口与补弹口

3.1.2　链传动弹箱动力学仿真的目标

对链传动弹箱进行 Adams 仿真的目标有以下三个：

（1）通过建模与仿真加深对链传动弹箱的认识；

（2）分析额定驱动力矩下弹箱的通畅性与供弹速度；

（3）分析首尾链节的连接刚度对弹箱供弹特性的影响。

3.2 链传动弹箱的动力学快速建模过程与结果分析

3.2.1 链传动弹箱动力学建模的关键点

若按照组件来分的话，链传动弹箱内的零部件种类较少，但是链节、弹托和滚子数量较多，这导致链节与弹托之间的连接关系和零部件之间的接触关系十分复杂，本书作者采用的解决办法是：①使用条件与循环语句结合功能性宏命令的方法，快速地过滤和修正零件外层 Part 名称和内层 Solid 名称；②基于链节的质心 Marker，生成链节两侧的 Marker，并据此建立链节之间的旋转铰接关系；③使用条件与循环语句结合功能性宏命令的方法，建立零部件之间的接触关系。

3.2.2 链传动弹箱动力学模型的快速建立过程

为了便于建模和仿真，本书将以左侧小型弹箱为例，建立链传动弹箱的动力学模型。在动力学建模之前，需提前准备一份至少含有 3 发炮弹的三维模型，详细的建模过程如下：

（1）使用 1.2.2 节中宏命令搜索和导入三维模型的同时，使用以下宏命令设置单位制、修正背景色和关闭栅格。

```
! ------------------------------------------------------------------>>> 设置单位制
default units length = mm mass = kg force = newton time = Second angle = degrees frequency = hz
! ------------------------------------------------------------------>>> 修正背景色
colors modify color_name = .colors.Background  &
red_component  = 1.0 blue_component  = 1.0 green_component  = 1.0 gradient  = "dark_bottom"
defaults attributes icon_visibility = "off"
view man mod render = shaded
! ------------------------------------------------------------------>>> 关闭栅格
int grid und grid = .gui.grid view = ( db_default( .system_defaults, "view" ))
```

（2）使用 1.4 节中 Python 代码清理模型，同时将那些不动的、不和其他零部件接触的零件删除。

（3）使用宏命令修正炮弹、内外箱板、弹托、中隔板、活门等全部实体的内外层名称。修正实体内外层名称的目的是对实体内外层编号按顺序重新编排，以便于后期使用宏命令实现建模自动化，以下是修正所有炮弹的材料模型、外观和内层 Solid 名称的宏命令。

```
! ---------------------------------------->>>> 修正首发炮弹的名称
entity modify entity = .MODEL_1.PD_new new = .MODEL_1.PD_new_1
! ---------------------------------------->>>> 修正炮弹的颜色、材料和内层 Solid 序号
variable create variable_name = ip integer_value = 1
while condition =(ip <= 50 )
    variable create variable_name = ipp integer_value = 1
    while condition =(ipp <= 500 )
        if condition = (eval(DB_EXISTS( ".MODEL_1.PD_new_"//ip//".SOLID" //ipp)))
            part modify rigid mass_properties part_name = (eval(".MODEL_1.PD_new_"//ip))  &
                        material_type = .materials.steel
            entity attributes entity_name = (eval( ".MODEL_1.PD_new_"//ip//".SOLID"
//ipp))  &
                        type_filter = Solid visibility = no_opinion name_visibil-
ity = no_opinion &
                        color = .colors.GREEN entity_scope = all_color transpar-
ency = 0
            entity modify entity = (eval(".MODEL_1.PD_new_"//ip//".SOLID" //ipp))  &
                        new = (eval(".MODEL_1.PD_new_"//ip//".SOLID1" ))
            variable set variable_name = ipp integer =(eval(ipp +1))
        else
            variable set variable_name = ipp integer =(eval(ipp +1))
        end
    end
    variable delete variable_name = ipp
variable set variable_name = ip integer =(eval(ip +1))
end
variable delete variable_name = ip
```

（4）使用 IF 条件与 WHILE 结合的四层嵌套循环宏命令修正链条内、外链板的内层 Solid 名称，以便于后期使用宏命令实现建模自动化。以下是将外链板两部分合并（merge）并修正内链板内侧 Solid 名称的代码，链条外侧滚轮和弹托之间的合并（merge）过程与此类似，这里不再赘述。

```
! ---------------------------------------->>>> 修正第一个外链板的 Part 名称
entity modify entity = .MODEL_1.LINK_O new = .MODEL_1.LINK_O_1
! ---------------------------------------->>>>合并外链板前后两个 Part,并修正外层名称
variable create variable_name = ipp integer_value = 1
while condition =(ipp <= 90)
    if condition = (eval(DB_EXISTS(".MODEL_1.LINK_O_"//2 * ipp -1 )))
        if condition = (eval(DB_EXISTS(".MODEL_1.LINK_O_"//2 * ipp )))
            part merge rigid_body part_name =(eval(".MODEL_1.LINK_O_"//2 * ipp -1))  &
                        into_part = (eval(".MODEL_1.LINK_O_"//2 * ipp ))
            entity modify entity = (eval(".MODEL_1.LINK_O_"//2 * ipp))  &
```

```
                        new = (eval(".MODEL_1.LINK_O_"//ipp ))
        else
            variable set variable_name = ipp integer =(eval(ipp +1))
            continue
        end
        variable set variable_name = ipp integer =(eval(ipp +1))
    else
        variable set variable_name = ipp integer =(eval(ipp +1))
        continue
    end
end
variable delete variable_name = ipp
!------------------------------------->>>> 四层嵌套循环修正外链板内层 Solid 序号
variable create variable_name = ip_bolt integer_value = 1
while condition =(ip_bolt <= 90 )
    variable create variable_name = ip integer_value = 1
    variable create variable_name = ipp integer_value = 1 !
        while condition =(ipp <= 500 )
            if condition = (eval(DB_EXISTS( ".MODEL_1.LINK_O_"//ip_bolt//".SOLID"
//ipp)))
                    if condition =( ipp ==ip )
                        variable set variable_name = ip integer =(eval(ip +1))
                    else
                        entity modify entity = (eval( " LINK_O_"//ip_bolt//".SOLID"
//ipp)) &
                                    new = (eval(" LINK_O_"//ip_bolt//".SOLID"
//ip))
                        variable set variable_name = ip integer =(eval(ip +1))
                    end
                variable set variable_name = ipp integer =(eval(ipp +1))
            else
                variable set variable_name = ipp integer =(eval(ipp +1))
                continue
            end
        end
    variable delete variable_name = ipp
    variable delete variable_name = ip

variable set variable_name = ip_bolt integer =(eval(ip_bolt +1))
end
variable delete variable_name = ip_bolt
```

（5）基于单个链节的质心 Marker，使用宏命令建立链节左右两侧圆孔中心处的 Marker。如图 3-6 所示，当前三维模型使用的是标准工业级单排滚子链，节距为 12.7 mm，因此基于质心 Marker 建立左右两侧旋转中心处 Marker 时的偏移距离是 ±6.35 mm，然后使用宏命令建立内、外链节之间的旋转铰，以下是部分建模用的宏命令。

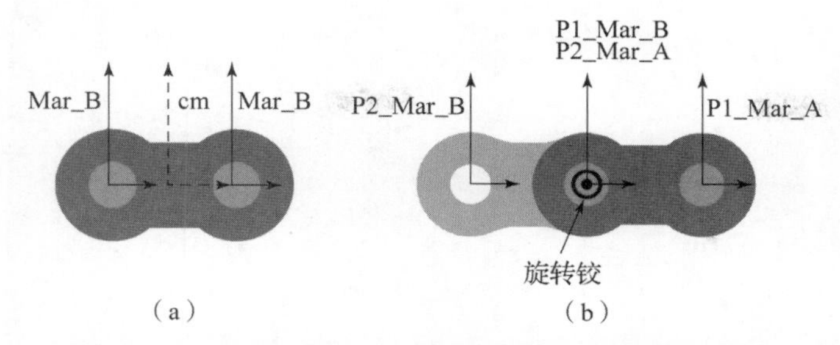

图 3-6　基于链节中心 Marker 建立链条旋转铰的原理

(a) 单个链节的质心 Marker 与两侧圆孔中心处的 Marker；(b) 建立内、外链节旋转中心处的旋转铰

```
! ---------------------------------------->>>> 基于质心 Marker,建立链节两侧的 Marker
variable create variable_name = ip  integer_value = 1
while condition = (ip <= 90)
   marker create marker_name = (eval(".MODEL_1.LINK_I_"//ip//".M_B")) &
   location = 0.0, 0.0, 6.35 orientation = 0.0, 90.0, 0.0  relative_to = (eval(".MODEL_
1.LINK_I_"//ip//".cm"))
   marker create marker_name = (eval(".MODEL_1.LINK_I_"//ip//".M_A")) &
   location = 0.0, 0.0, -6.35 orientation = 0.0, 90.0, 0.0  relative_to = (eval(".MODEL_
1.LINK_I_"//ip//".cm"))

   marker create marker_name = (eval(".MODEL_1.LINK_O_"//ip//".M_B")) &
   location = 0.0, 0.0, 6.35 orientation = 0.0, 90.0, 0.0  relative_to = (eval(".MODEL_
1.LINK_O_"//ip//".cm"))
   marker create marker_name = (eval(".MODEL_1.LINK_O_"//ip//".M_A")) &
   location  =  0.0,  0.0,  -6.35  orientation  =  0.0,  90.0,  0.0   relative_to  =
(eval(".MODEL_1.LINK_O_"//ip//".cm"))

   variable set variable_name = ip integer = (eval(ip +1))
end
variable delete variable_name = ip
! ------------------------------------>>>> 建立内外链节之间的旋转铰接关系(第一部分)
variable create variable_name = ip integer_value = 1
while condition = (ip <= 21)
   constraint create joint Revolute  joint_name = (eval(".MODEL_1.JOINT_O"//ip//"_I"
//ip)) &
          i_marker_name = (eval(".MODEL_1.LINK_O_"//ip//".M_A")) &
          j_marker_name = (eval(".MODEL_1.LINK_I_"//ip//".M_B"))

   constraint create joint Revolute  joint_name = (eval(".MODEL_1.JOINT_O"//ip//"_I"
//ip+1)) &
          i_marker_name = (eval(".MODEL_1.LINK_O_"//ip//".M_B")) &
          j_marker_name = (eval(".MODEL_1.LINK_I_"//ip+1//".M_A"))
   variable set variable_name = ip integer = (eval(ip +1))
end
```

```
variable delete variable_name = ip
! ----------------------------------->>>> 建立固定位置处内外链节的旋转铰接关系
constraint create joint Revolute  joint_name = .MODEL_1.LINK_O22_I22_Rotation &
    i_marker_name = .MODEL_1.LINK_O_22.M_A  j_marker_name = .MODEL_1.LINK_I_22.M_B
constraint create joint Revolute  joint_name = .MODEL_1.LINK_O22_I23_Rotation &
    i_marker_name = .MODEL_1.LINK_O_22.M_B  j_marker_name = .MODEL_1.LINK_I_23.M_B
! ----------------------------------->>>> 建立内外链节之间的旋转铰接关系(第二部分)
variable create variable_name = ip integer_value = 23
while condition =(ip <= 44)
    constraint create joint Revolute  joint_name =(eval(".MODEL_1.JOINT_O"//ip//"_I"
//ip)) &
            i_marker_name = (eval(".MODEL_1.LINK_O_"//ip//".M_B")) &
            j_marker_name = (eval(".MODEL_1.LINK_I_"//ip//".M_A"))

    constraint create joint Revolute joint_name =(eval(".MODEL_1.JOINT_O"//ip//"_I"
//ip+1)) &
            i_marker_name = (eval(".MODEL_1.LINK_O_"//ip//".M_A")) &
            j_marker_name = (eval(".MODEL_1.LINK_I_"//ip+1//".M_B"))
    variable set variable_name = ip integer =(eval(ip+1))
end
variable delete variable_name = ip
! ----------------------------------->>>> 建立固定位置处内外链节的旋转铰接关系
constraint create joint Revolute  joint_name = .MODEL_1.LINK_O45_I45_Rotation &
    i_marker_name = .MODEL_1.LINK_O_45.M_A j_marker_name = .MODEL_1.LINK_I_45.M_A
```

（6）使用线性弹簧模型建立首、尾链节之间的弹簧卡片连接关系。

```
! ----------------------------------->>>> 建立弹簧卡片的刚度参数
variable create variable_name = Spring_k  real = 5000.0
! ----------------------------------->>>> 建立首、尾链节之间的弹性连接(前链条)
Force create element_like translational_spring_damper &
    spring_damper_name = LINK_O45_I1_Rotation &
    i_marker_name = .MODEL_1.LINK_O_45.M_B &
    j_marker_name = .MODEL_1.LINK_I_1.M_A &
    damping = ( Spring_k/100.0 ) &
    stiffness = ( Spring_k ) &
    preload = 0.0 &
    displacement_at_preload = 0.0
! ----------------------------------->>>> 建立首、尾链节之间的弹性连接(后链条)
Force create element_like translational_spring_damper &
    spring_damper_name = LINK_O90_I45_Rotation &
    i_marker_name = .MODEL_1.LINK_O_90.M_B &
    j_marker_name = .MODEL_1.LINK_I_46.M_A &
    damping = ( Spring_k/100.0 ) &
    stiffness = ( Spring_k ) &
    preload = 0.0 &
    displacement_at_preload = 0.0
```

（7）使用宏命令建立箱板与大地、链轮与箱板、活门与箱板等零部件之间的连接关系。为了便于观察弹箱内部零部件的运动情况，还需要修正弹箱的显示特性，以下是部分建模宏命令。

```
! ---------------------------------------->>>> 建立箱板与大地之间的固定副
marker create marker = .MODEL_1.MIDDLE_PLATE.MAR_CM &
    location = .MODEL_1.MIDDLE_PLATE.cm  orientation = 0.0, 0.0, 0.0
marker create marker = .MODEL_1.ground.MIDDLE_PLATE_Fixed_MAR &
    location = .MODEL_1.MIDDLE_PLATE.cm  orientation = 0.0, 0.0, 0.0
constraint create joint Fixed joint_name = MIDDLE_PLATE_Fixed &
    i_marker_name = .MODEL_1.MIDDLE_PLATE.MAR_CM
    j_marker_name = .MODEL_1.ground.MIDDLE_PLATE_Fixed_MAR
! ---------------------------------------->>>> 修正箱板的显示特性
entity attributes      entity_name   = MIDDLE_PLATE &
     type_filter      = Part &
     visibility       = no_opinion &
     name_visibility  = no_opinion &
     color              = .colors.YELLOW &
     entity_scope     = all_color &
     transparency     = 85
! ---------------------------------------->>>> 建立驱动链轮的旋转铰
marker create marker =.MODEL_1.SPROCKET_Z30_P127.MAR_R &
    location =0.0, 0.0, 28.2921  orientation =359.7381545713, 0.0, 0.0
marker create marker =.MODEL_1. MIDDLE_PLATE.MAR_SPROCKET_Z36_P127 &
    location =0.0, 0.0, 28.2921  orientation =359.7381545713, 0.0, 0.0

constraint create joint Revolute    joint_name =.MODEL_1.JOINT_SPROCKET_Z30_P127 &
    i_marker_name =.MODEL_1.SPROCKET_Z30_P127.MAR_R &
    j_marker_name =.MODEL_1.MIDDLE_PLATE.MAR_SPROCKET_Z36_P127
```

（8）建立炮弹与弹托、弹托与链节、滚轮与箱板、炮弹与活门、炮弹与箱板、链节与链轮等Solid之间的接触关系，以下是使用宏命令循环建立链节与链轮之间、炮弹和活门之间接触关系的实例。

```
! ---------------------------------------->>>> 建立后驱动链条与链轮之间的接触关系
variable create variable_name = ipp integer_value = 1
while condition =(ipp <= 45)
    contact create contact_name = (eval("CT_XIA_Lian"//ipp//"_Lun1" )) &
      i_geometry_name = (eval(".MODEL_1.LINK_I_"//ipp//".SOLID1"))&
      j_geometry_name = .MODEL_1.SPROCKET_Z30_P127.SOLID1 &
      stiffness = 1.0E+005  damping = 100.0 exponent = 2.2  dmax = 0.1  no_friction = true

    contact create contact_name = (eval("CT_XIA_Lian"//ipp//"_Lun2" )) &
      i_geometry_name = (eval(".MODEL_1.LINK_I_"//ipp//".SOLID1"))&
      j_geometry_name = .MODEL_1.SPROCKET_Z30_P127_2.SOLID1 &
```

```
      stiffness = 1.0E+005  damping = 100.0 exponent = 2.2  dmax = 0.1  no_friction = true
    variable set variable_name = ipp integer=(eval(ipp+1))
end
variable delete variable_name = ipp
!-------------------------------------------->>>> 建立前驱动链条与链轮之间的接触关系
variable create variable_name = ipp integer_value = 46
while condition=(ipp <= 90)
    contact create contact_name = (eval("CT_XIA_Lian"//ipp//"_Lun1" )) &
        i_geometry_name = (eval(".MODEL_1.LINK_I_"//ipp//".SOLID1"))&
        j_geometry_name = .MODEL_1.SPROCKET_Z30_P127.SOLID2 &
        stiffness = 1.0E+005  damping = 100.0 exponent = 2.2  dmax = 0.1 no_friction = true

    contact create contact_name = (eval("CT_XIA_Lian"//ipp//"_Lun2" )) &
        i_geometry_name = (eval(".MODEL_1.LINK_I_"//ipp//".SOLID1"))&
        j_geometry_name = .MODEL_1.SPROCKET_Z30_P127_2.SOLID2 &
        stiffness = 1.0E+005  damping = 100.0  exponent = 2.2  dmax = 0.1  no_fric-
tion = true
    variable set variable_name = ipp integer=(eval(ipp+1))
end
variable delete variable_name = ipp
!-------------------------------------------->>>> 建立炮弹与活门之间的接触关系
variable create variable_name = ipp integer_value = 1
while condition=(ipp <= 10 )
        if condition = (eval(DB_EXISTS(".MODEL_1.PD_new_"//ipp )))
            contact create contact_name = (eval("CT_pd_"//ipp//"_HUOMEN_OUTTER"))  &
                i_geometry_name = (eval(".MODEL_1.PD_new_"//ipp//".SOLID1"))  &
                j_geometry_name = .MODEL_1.HUOMEN_OUTTER.SOLID1  &
                stiffness = 1.0E+005  damping = 100.0 exponent = 2.2  &
                dmax = 0.1  no_friction = true
            variable set variable_name = ipp integer=(eval(ipp+1))
        else
            variable set variable_name = ipp integer=(eval(ipp+1))
            continue
        end
end
variable delete variable_name = ipp
```

（9）为了便于显示观察模型，使用以下命令隐藏所建立的旋转铰与 Marker。最终所建立的链传动弹箱动力学模型如图 3－7 所示，该模型中含有旋转副 132 个、弹簧 2 个、接触对 496 个。

```
entity attributes  entity_name = .MODEL_1.*  type_filter = joint  visibility = off
name_visibility = off
entity attributes  entity_name = .MODEL_1.*  type_filter = Marker  visibility = off
name_visibility = off
```

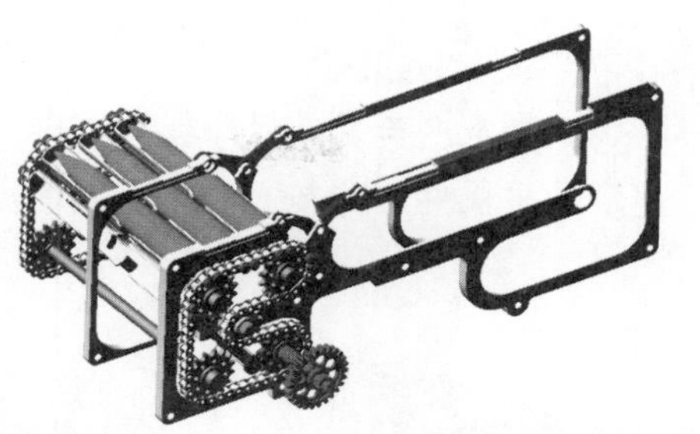

图 3－7　最终所建立的链传动弹箱动力学模型（隐藏了部分不带弹的弹托和前后箱板）

（10）使用以下宏命令建立弹箱出口处驱动链轮的扭矩，并修正重力方向，设置求解器参数、仿真总时间与总步数，并提交计算。

```
! ---------------------------------------->>>> 建立进弹机驱动轴的旋转扭矩
marker create marker = .MODEL_1.SPROCKET_Z30_P127_2.MARKER_1886 &
    location =381.0, 0.0, 28.2921  orientation =4.4052850815, 0.0, 0.0
marker create marker = .MODEL_1.SPROCKET_Z30_P127_2.MARKER_1887 &
    location =381.0, 0.0, 28.2921  orientation =4.4052850815, 0.0, 0.0
force create direct single_component_force &
    single_component_force_name = .MODEL_1.T20NM_SPROCKET_A &
    type_of_freedom = rotational &
    action_only = on &
    i_marker_name = .MODEL_1.SPROCKET_Z30_P127_2.MARKER_1886 &
    j_marker_name = .MODEL_1.SPROCKET_Z30_P127_2.MARKER_1887 &
    function = "2.0E+004"
! ---------------------------------------->>>> 修正重力方向
force modify body gravitational gravity = .MODEL_1.gravity &
    x_comp = 0  y_comp = -9806.65  z_comp = 0
force attrib force = .MODEL_1.gravity visibility = no_opinion
! ---------------------------------------->>>> 设置求解器参数
executive set numerical model = .MODEL_1 integrator = Newmark
! ---------------------------------------->>>> 设置线程数量、求解总时长与总步数
executive_control set preferences thread_count = 4
    simulation single set update = "none"
    simulation single trans &
    type           = auto_select  &
    initial_static  = no          &
    end_time        = 1.0         &
    number_of_steps = 20000
```

3.2.3　额定驱动力矩下链传动弹箱的动态通畅性分析

链传动弹箱的动态通畅性分析旨在检验整个无链供弹装置在连续供弹过程中是否存在动态卡滞、卡弹等故障。设置驱动力矩 20 N · m 后的仿真结果如图 3－8 和图 3－9 所示，在 0.125 s 之后，首发炮弹被传输至弹箱出口附近；0.14 ~ 0.17 s 期间 3 发炮弹全部被抛

出弹箱，炮弹被抛出时会和出口活门发生碰撞，炮弹速度将会有所下降。而且从图 3 - 9 中可以看出，在箱内传输过程中，炮弹的运动速度按照正弦波规律不断变化，这表明链传动的多边形效应对炮弹传输速度的平稳性影响较大，也从侧面说明了链传动弹箱的供弹速度不宜过大这一特性。

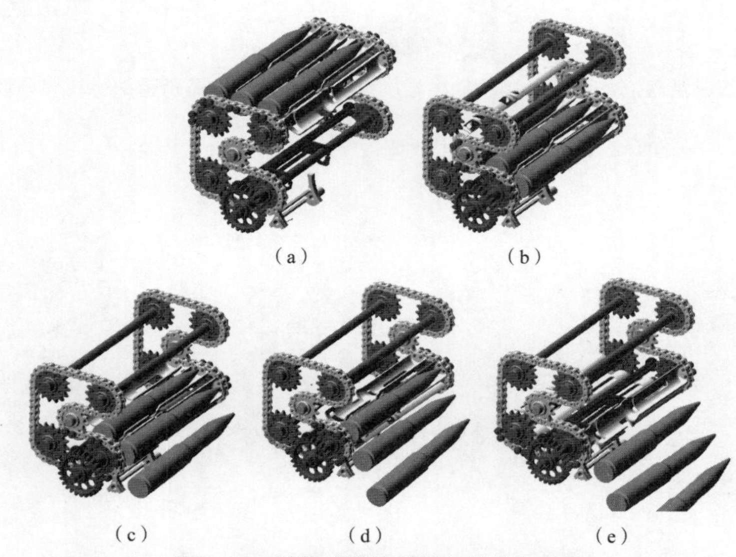

图 3 - 8　链传动弹箱的通畅性分析结果

(a) 初始时刻 (t = 0. 0 s)；(b) 启动之初 (t = 0. 125 s)；(c) 第一发炮弹出弹箱 (t = 0. 140 s)；
(d) 第二发炮弹出弹箱 (t = 0. 150 s)；(d) 供弹完成 (t = 0. 170 s)

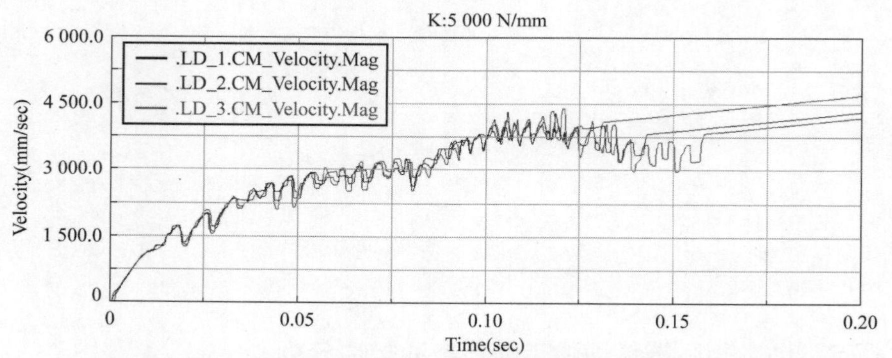

图 3 - 9　弹簧卡片刚度为 5 000 N/mm 时的炮弹速度曲线（附彩图）

3. 2. 4　首尾链节的连接刚度对弹箱供弹特性的影响

驱动链条的首尾链节使用弹簧卡片进行连接，而弹簧卡片的刚度可能会对链传动装置的松紧程度有影响，进而影响整个供弹装置的运动可靠性，因此，我们有必要分析不同弹簧卡片刚度时的影响特性。通过修正动力学模型中的 Spring_k 参数，分别建立 Spring_k 值为1 000 N/mm 和3 000 N/mm 时的链传动弹箱动力学模型，并进行仿真，获得的结果如图 3－10 和表 3－1 所示，由此可以看出，不同弹簧卡片刚度下的炮弹速度曲线变化形式基本一致，炮弹速度的变化量均在 ±5.0% 以内，这说明弹簧卡片刚度对供弹速度的影响很小，可以忽略，因此，弹簧卡片在设计上可以采取比较经济的设计方案。

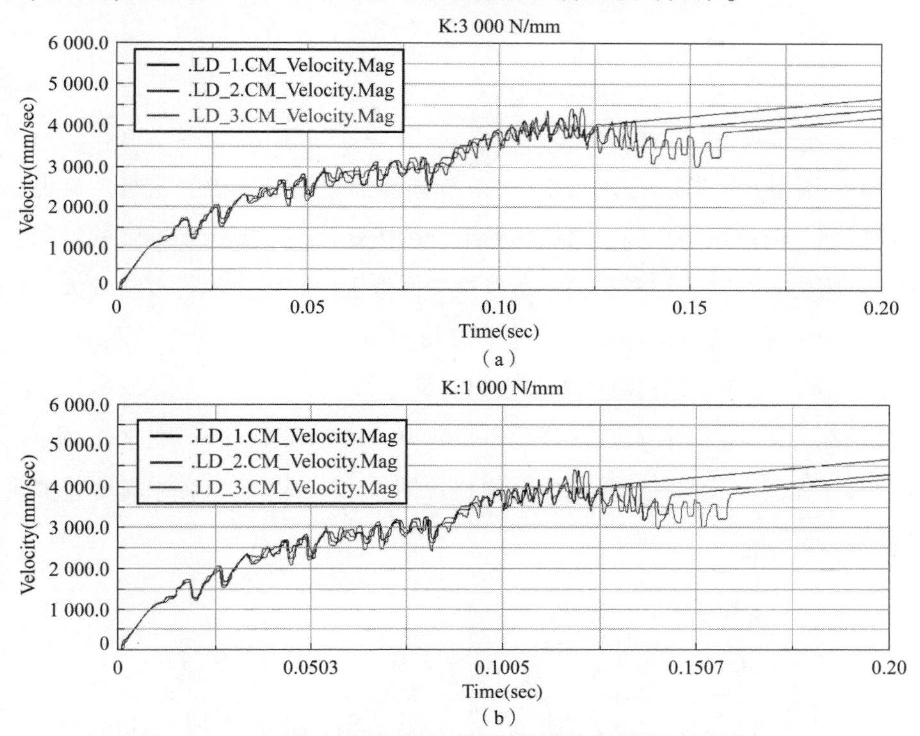

图 3－10　不同链条弹簧卡片刚度的炮弹速度曲线（附彩图）

（a）弹簧卡片刚度为 3 000 N/mm；（b）弹簧卡片刚度为 1 000 N/mm

表 3－1　不同弹簧卡片刚度下的炮弹速度对比

弹簧卡片刚度	速度（mm/s）		
（N/mm）	炮弹 1	炮弹 2	炮弹 3
5 000	4 701	4 324	4 201
3 000	4 669（－0.6%）	4 408（+1.9%）	4 198（－0.07%）
1 000	4 666（－0.7%）	4 292（－0.7%）	4 187（－0.3%）

第 4 章 基于同旋向拨弹轮的无链供弹弹箱动力学模型快速建模技术

文献［1］认为，供弹系统中使用多个反旋向拨弹轮组合成拨弹轮组主要用于炮弹传输过程中的换向，而使用多个同旋向拨弹轮组合成拨弹轮组主要用于炮弹的定向、短距离输送。拨弹轮组由多组齿轮串联驱动，所以这类供弹机构或传输机构质量较大、传动效率较低，一般用于供弹路线较短或空间尺寸受限制的中、大口径火炮供弹系统之中。例如，法国 Creusot－Loire 工业公司构思了一款中口径防空高炮的中转弹仓[2]，如图 4－1 所示，该弹仓及其两端通道均使用同旋向拨弹轮传输炮弹。瑞典 Bofors 公司在改造 40 mm 高炮过程中[3]也设计了基于同旋向拨弹轮的中转弹仓（图 4－2），据称这种中转弹仓的供弹速度能达到 300 发/分。

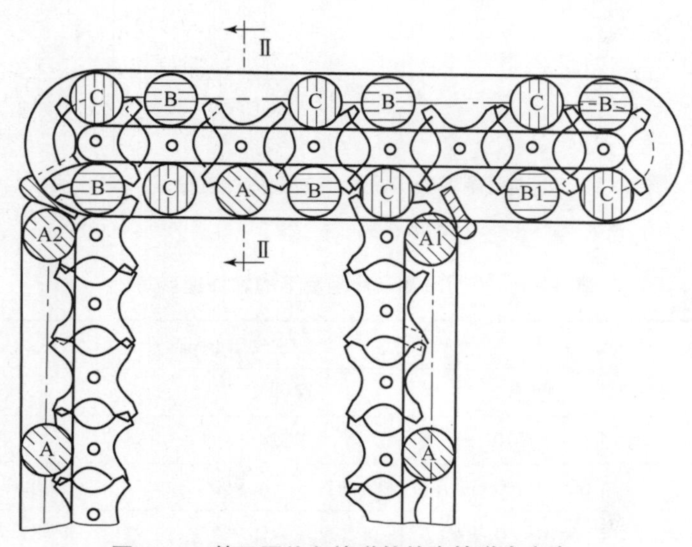

图 4－1　基于同旋向拨弹轮的中转弹仓方案 1

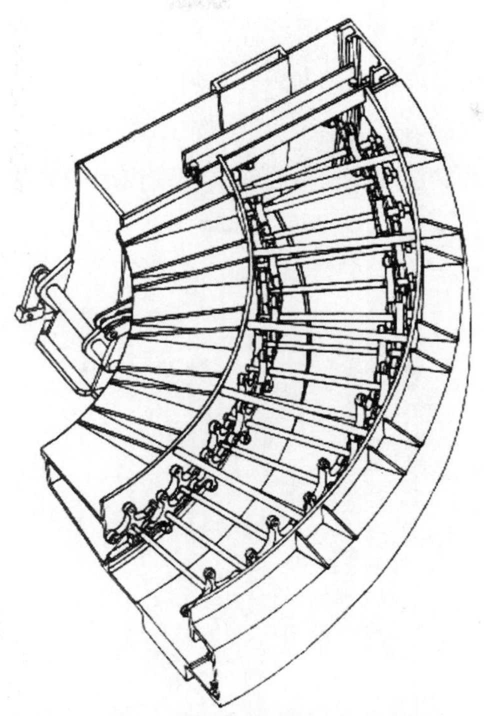

图 4－2　基于同旋向拨弹轮的中转弹仓方案 2

某防空系统设计单位也构思了基于以上原理的无链供弹弹箱，并对其进行了动力学分析。因为同旋向拨弹轮组在拨弹过程中会使炮弹速度发生方向上的突变，且供弹可靠性对拨弹轮组之间的相位角非常敏感，所以使用常规方法建立弹箱的动力学模型会比较烦琐。在微调拨弹轮组相位角、优化弹箱供弹阻力的过程中，这一点体现得尤为明显。

本章主要针对以上建模过程中出现的问题，构思宏代码结合循环语句的动力学模型建模方法，将此快速建模方法应用于同旋向拨弹轮弹箱的通畅性分析之中，证实了该快速建模方法的高效性。弹箱中制导炮弹导引头对横向加速度比较敏感，为了分析供输弹过程中炮弹的横向加速度，本书还建立了弹箱与自动机进弹机的联动交接动力学模型。

4.1　基于同旋向拨弹轮的无链供弹弹箱的结构原理与仿真目标

4.1.1　基于同旋向拨弹轮的无链供弹弹箱的结构原理

如图 4－3 所示，当前所设计的基于同旋向拨弹轮的无链供弹弹箱（以下简称同旋向拨弹轮弹箱)，主要由前后箱板、中隔板、补弹口及拨弹轮、同旋向拨弹轮、传动齿轮、液压马达、过弹机等零部件组成。同旋向拨弹轮弹箱总弹位 26 个，有效容弹量 24 发，可满足某高炮的三次最大长点射射击。为了保证一定的连接刚度，该弹箱出弹口卡入过弹机入口后，使用长、短螺杆和某高炮耳轴盘凸块（当前模型中不可见）固连，使其能够与火炮自动机同时回转和俯仰。

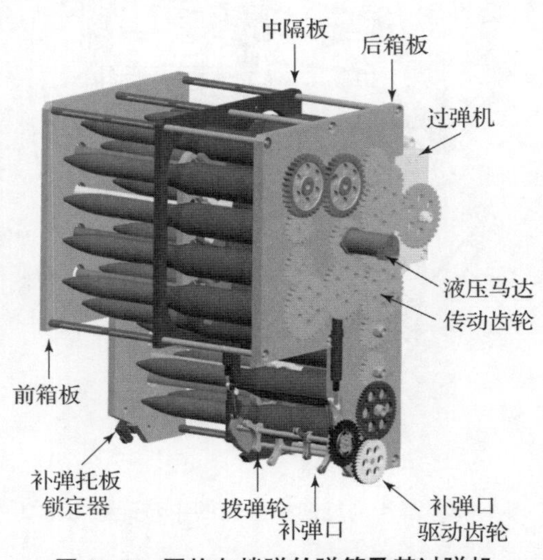

图 4-3　同旋向拨弹轮弹箱及其过弹机

供弹时，液压马达驱动同旋向拨弹轮弹箱外侧的传动齿轮及其内部的拨弹轮，使得所有的拨弹轮同时、同速旋转并驱动拨弹轮上的炮弹。同旋向拨弹轮弹箱中炮弹的运动路线如图 4-4 所示，它以过弹活门下方为起始点，沿着弹箱的内部通道行进，最终在过弹机拨弹轮和过弹活门的协作下进入弹箱的过弹机。

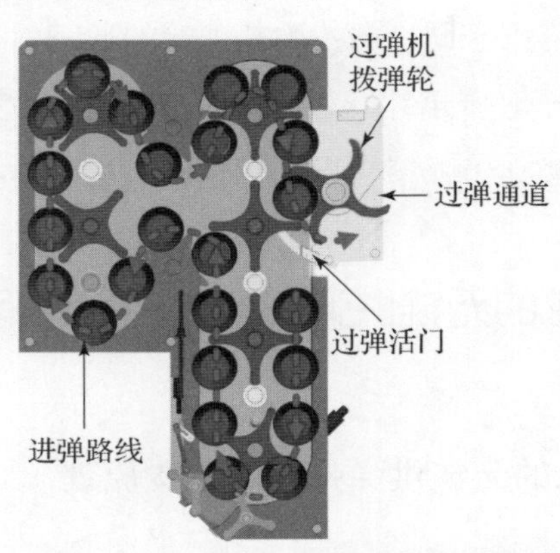

图 4-4　同旋向拨弹轮弹箱的进弹路线

4.1.2　同旋向拨弹轮弹箱的动力学仿真目标

对同旋向拨弹轮弹箱进行 Adams 仿真的目标有以下四个：

（1）通过建模与仿真加深对同旋向拨弹轮弹箱的认识；

（2）分析额定驱动力矩下同旋向拨弹轮弹箱的通畅性与供弹速度；

（3）分析射角变化对同旋向拨弹轮弹箱的影响；

（4）建立弹箱与自动机进弹机的联动模型，分析额定射速下炮弹的横向加速度。

4.2　同旋向拨弹轮弹箱的动力学快速建模过程与结果分析

4.2.1　同旋向拨弹轮弹箱动力学建模的关键点

同旋向拨弹轮弹箱内的拨弹轮组在外侧齿轮的驱动下同时、同速运动，拨弹轮数量较多导致接触关系比较复杂，且炮弹的传输速度对拨弹轮之间的相位角非常敏感，手动调整这些参数比较烦琐。针对以上问题，本书作者采用的做法是：①使用条件与循环语句结合功能性宏命令的方法，快速地过滤和修正零件外层 Part 名称和内层 Solid 名称；②采用 IF 查询语句结合 While 循环的方法，一次性建立全部拨弹轮的旋转铰接关系与拨弹轮之间的联动耦合关系；③采用角度调整宏命令，批量微调动力学模型中拨弹轮组的相位角。

4.2.2　同旋向拨弹轮弹箱动力学模型的快速建立过程

建立同旋向拨弹轮弹箱的动力学模型时，需提前准备一份至少含有 5 发炮弹的三维模型，详细的建模过程如下：

（1）使用 1.2.2 节中宏命令搜索和导入三维模型的同时，使用以下宏命令设置单位制、修正背景色和关闭栅格。

```
! ---------------------------------------------------------->>> 设置单位制
default units length = mm mass = kg force = newton time = Second angle = degrees frequency = hz
! ---------------------------------------------------------->>> 修正背景色
colors modify color_name = .colors.Background  &
```

```
red_component = 1.0 blue_component = 1.0 green_component = 1.0 gradient = "none"
defaults attributes icon_visibility = "off"
view man mod render = shaded
! ---------------------------------------->>> 关闭栅格
int grid und grid = .gui.grid view = ( db_default( .system_defaults, "view" ))
```

（2）使用 1.4 节中 Python 代码清理模型，同时将那些不动的、不和其他零部件接触的零件删除。为了简化动力学模型中的接触设置，当前模型删除了驱动拨弹轮旋转的齿轮。

（3）使用宏命令修正炮弹、拨弹轮、活门等全部实体的内外层名称。修正实体内外层名称的目的是对实体内外层编号按顺序重新编排，以便于后期使用宏命令实现建模自动化。为了等效实际的炮弹重量，当前模型中的炮弹使用铝材的密度参数。以下是修正所有炮弹的材料模型、外观和内层 Solid 名称的宏命令。

```
! ---------------------------------------->>>> 修正首发炮弹的名称
entity modify entity = .MODEL_1.PD_40  new = .MODEL_1.PD_40_1
! ---------------------------------------->>>> 修正炮弹的颜色、材料和内层 Solid 序号
variable create variable_name = ip_bolt integer_value = 1
while condition = (ip_bolt <= 20 )
    variable create variable_name = ip integer_value = 1
    variable create variable_name = ipp integer_value = 1
        while condition = (ipp <= 1000 )
            if condition = (eval(DB_EXISTS( ".MODEL_1.PD_40_"//ip_bolt//".SOLID" //
ipp)))
                        ! ------------------- >>>> 修正炮弹的材料模型
                        part modify rigid mass_properties  &
                        part_name = (eval( "PD_40_"//ip_bolt))  material_type = .mate-
rials.aluminum
                        ! ------------------- >>>> 修正炮弹的颜色
                        entity attributes entity_name = (eval( "PD_40_"//ip_bolt))
type_filter = Part &
                        visibility  = no_opinion  name_visibility = no_opinion
transparency  = 80
                        ! ------------------- >>>> 修正炮弹的内层 Solid 序号
                        if condition =( ipp == ip )
                            variable set variable_name = ip integer = (eval(ip + 1))
                        else
                            entity modify entity = (eval( "PD_40_"//ip_bolt//".SOLID"
//ipp)) &
                                        new = (eval("PD_40_"//ip_bolt//".SOLID" //ip))
                            variable set variable_name = ip integer = (eval(ip + 1))
                        end
```

```
                variable set variable_name = ipp integer =(eval(ipp +1))
            else
                variable set variable_name = ipp integer =(eval(ipp +1))
                continue
            end
        end
    variable delete variable_name = ipp
    variable delete variable_name = ip
variable set variable_name = ip_bolt integer =(eval(ip_bolt +1))
end
variable delete variable_name = ip_bolt
```

（4）使用以下宏命令融合（merge）弹箱的前后箱板和中隔板，修正弹箱的内层 Solid 名称和显示属性，并建立弹箱与大地之间的固定副。弹箱内支撑铝管、过弹机箱板、过弹活门等零件的修正过程与此类似，这里不再赘述。

```
!---------------------------------------->>>> 融合弹箱的内外箱板为一个 Part
part merge rigid_body part_name = .MODEL_1.ZGB_N    into_part = .MODEL_1.ZGB
part merge rigid_body part_name = .MODEL_1.ZGB_ZGB_2_  into_part = .MODEL_1.ZGB
part merge rigid_body part_name = .MODEL_1.BUDANHUOMENG   into_part = .MODEL_1.ZGB
!---------------------------------------->>>> 修正弹箱材料模型与内层 Solid 序号
variable create variable_name = ip integer_value = 1
variable create variable_name = ipp integer_value = 1 !
while condition =(ipp <= 1000 )
    if condition =(eval(DB_EXISTS(".MODEL_1.ZGB.SOLID" //ipp)))
              part modify rigid mass_properties  part_name = ZGB  material_type = .ma-
terials.stainless
              if condition =( ipp == ip )
                  variable set variable_name = ip integer =(eval(ip +1))
              else
                  entity modify entity  = (eval("ZGB.SOLID" // ipp))  new = (eval("
ZGB.SOLID" //ip))
                  variable set variable_name = ip integer =(eval(ip +1))
              end
         variable set variable_name = ipp integer =(eval(ipp +1))
    else
         variable set variable_name = ipp integer =(eval(ipp +1))
         continue
    end
end
variable delete variable_name = ipp
variable delete variable_name = ip
!---------------------------------------->>>> 修正弹箱 Part 的显示属性
entity attributes     entity_name  = ZGB &
     type_filter     = Part &
```

```
    visibility       = no_opinion &
    name_visibility = no_opinion &
    color            = .colors.YELLOW &
    entity_scope     = all_color &
    transparency     = 85
!---------------------------------------->>>> 建立弹箱与大地间的固定副
marker create marker = .MODEL_1.ZGB.MAR_CM &
       location = .MODEL_1.ZGB.cm  orientation = 0.0, 0.0, 0.0
marker create marker = .MODEL_1.ground.ZGB_Fixed_MAR &
       location = .MODEL_1.ZGB.cm  orientation = 0.0, 0.0, 0.0
constraint create joint Fixed joint_name = ZGB_Fixed &
       i_marker_name = ZGB.MAR_CM  j_marker_name = ground.ZGB_Fixed_MAR
```

（5）使用宏命令融合（merge）各个拨弹轮组件中的构成零件、修正拨弹轮的转动惯量、批量建立拨弹轮的旋转副和建立拨弹轮之间的联动耦合关系，以下是部分建模用的宏命令。

```
!---------------------------------------->>>> 融合拨弹轮组件中的零件,并修正转动惯量
!------------------------------>>>> 对拨弹轮 1 进行修正
part merge rigid_body part_name = DX_BDL_PART1_A    into_part = DX_BDL_PART3_A_3
part merge rigid_body part_name = DX_BDL_PART1_A_2_  into_part = DX_BDL_PART3_A_3
entity modify entity  = .MODEL_1.DX_BDL_PART3_A_3    new = .MODEL_1.DX_BDL_1
part modify rigid mass_properties   part_name = .MODEL_1.DX_BDL_1  mass = 4.897  &
    center_of_mass_marker = .MODEL_1.DX_BDL_1.cm  &
    ixx = 3.0427331361E+04  iyy = 3.0427164173E+04  izz = 9691
!------------------------------>>>> 对拨弹轮 2 进行修正(省略其他拨弹轮的修正代码))
part merge rigid_body part_name = DX_BDL_2_B1     into_part = DX_BDL_PART3_B1
part merge rigid_body part_name = DX_BDL_2_B1_2_  into_part = .MODEL_1.DX_BDL_PART3_B1
entity modify entity  = .MODEL_1.DX_BDL_PART3_B1   new = .MODEL_1.DX_BDL_2
part modify rigid mass_properties part_name = .MODEL_1.DX_BDL_2  mass = 3.74378  &
    center_of_mass_marker = .MODEL_1.DX_BDL_2.cm  &
    ixx = 3.4415642452E+04  iyy = 3.4415181728E+04  izz = 4262
!---------------------------------------->>>> 四层嵌套修正拨弹轮组件内层 Solid 序号
variable create variable_name  = ip_bolt integer_value = 1
while condition =(ip_bolt <= 14 )
   variable create variable_name  = ip integer_value  = 1
   variable create variable_name  = ipp integer_value  = 1 !
       while condition =(ipp <= 1000 )
           if condition  = (eval(DB_EXISTS( ".MODEL_1.DX_BDL_"//ip_bolt//".SOLID"
//ipp)))
                  if condition  =( ipp == ip )
                     variable set variable_name  = ip integer =(eval(ip+1))
                  else
                     entity modify entity  = (eval( "DX_BDL_"//ip_bolt//".SOLID"
//ipp)) &
```

```
                                        new = (eval("DX_BDL_"//ip_bolt//".SOLID"
//ip))
                            variable set variable_name = ip integer=(eval(ip+1))
                        end
                    variable set variable_name = ipp integer=(eval(ipp+1))
                else
                    variable set variable_name = ipp integer=(eval(ipp+1))
                    continue
                end
            end
    variable delete variable_name = ipp
    variable delete variable_name = ip
variable set variable_name = ip_bolt integer=(eval(ip_bolt+1))
end
variable delete variable_name = ip_bolt
!------------------------------------------>>>> 批量建立拨弹轮的旋转铰接关系
variable create variable_name = ip integer_value = 1
while condition=(ip<=14)
    if condition = (eval(DB_EXISTS(".MODEL_1.DX_BDL_"//ip )))
        marker create marker= (eval(".MODEL_1.DX_BDL_"//ip//".MAR_CM")) &
                    location= (eval(".MODEL_1.DX_BDL_"//ip//".cm"))&
                    orientation= 0.0, 180.0, 0.0
        marker create marker= (eval(".MODEL_1.ground.MAR_DX_BDL_"//ip//"_J")) &
                    location= (eval(".MODEL_1.DX_BDL_"//ip//".cm")) &
                    orientation= 0.0, 180.0, 0.0
        constraint create joint Revolute joint_name= (eval(".MODEL_1.DX_BDL_"//ip//"_
J")) &
                     i_marker_name= (eval(".MODEL_1.DX_BDL_"//ip//".MAR_CM"))  &
                     j_marker_name= (eval(".MODEL_1.ground.MAR_DX_BDL_"//ip//"_J"))
    end
    variable set variable_name = ip integer=(eval(ip+1))
end
variable delete variable_name = ip
!------------------------------------------>>>> 批量建立部分拨弹轮之间的耦合副(1-7)
variable create variable_name = ip integer_value = 1
while condition=(ip<= 7 )
    if condition = (eval(DB_EXISTS(".MODEL_1.DX_BDL_"//ip+1//"_J")))
    constraint create complex_joint coupler coupler_name=(eval("DX_BDL_"//ip//"_DX_
BDL_"//ip+1)) &
        joint_name= (eval("DX_BDL_"//ip//"_J")),(eval("DX_BDL_"//ip+1//"_J")) &
        type_of_freedom=rot_rot    first_scale_factor= 1    second_scale_factor= -1
    end
    variable set variable_name = ip integer=(eval(ip+1))
end
variable delete variable_name = ip
!------------------------------------------>>>> 建立过弹机拨弹轮与拨弹轮 7 的旋转耦合
constraint create complex_joint coupler   coupler_name=.MODEL_1.DX_BDL_7_GDJ_BDL &
    joint_name= JOINT_GDJ_BDL, DX_BDL_7_J &
    type_of_freedom=rot_rot    first_scale_factor= 1    second_scale_factor= -1
```

```
! --------------------------------------->>>> 建立拨弹轮 5 与拨弹轮 14 的旋转耦合
constraint create complex_joint coupler    coupler_name = .MODEL_1.DX_BDL_5_14 &
    joint_name = DX_BDL_5_J, DX_BDL_14_J &
    type_of_freedom = rot_rot    first_scale_factor = 1    second_scale_factor = 1
! --------------------------------------->>>> 批量建立部分拨弹轮之间的耦合副(9 -13)
variable create variable_name = ip integer_value = 9
while condition = (ip <= 13 )
    if condition = (eval(DB_EXISTS(".MODEL_1.DX_BDL_"//ip+1//"_J")))
    constraint create complex_joint coupler coupler_name = (eval("DX_BDL_"//ip//"_DX_
BDL_"//ip+1)) &
        joint_name = (eval("DX_BDL_"//ip//"_J")), (eval("DX_BDL_"//ip+1//"_J")) &
        type_of_freedom = rot_rot    first_scale_factor = 1    second_scale_factor = -1
    end
    variable set variable_name = ip integer = (eval(ip+1))
end
variable delete variable_name = ip
```

（6）使用以下宏命令建立过弹机活门的旋转副和活门扭簧模型。

```
! --------------------------------------->>>> 建立过弹机活门与过弹机之间的旋转副
marker create marker = .MODEL_1.HUOMEN.MAR_R &
    location = 135.1702615979, -14.9999867607, 192.0    orientation = 0.0, 180.0, 0.0
marker create marker = .MODEL_1.GDJ.MAR_HUOMEN &
    location = 135.1702615979, -14.9999867607, 192.0    orientation = 0.0, 180.0, 0.0
constraint create joint Revolute    joint_name = .MODEL_1.JOINT_HUOMEN &
    i_marker_name = .MODEL_1.HUOMEN.MAR_R &
    j_marker_name = .MODEL_1.GDJ.MAR_HUOMEN
! --------------------------------------->>>> 建立活门扭簧模型
marker create marker = .MODEL_1.HUOMEN.M_a &
    location = 135.1702615979, -14.9999867607, 192.0    orientation = 0.0, 180.0, 0.0
marker create marker = .MODEL_1.GDJ.HUOMEN_M_a &
    location = 135.1702615979, -14.9999867607, 192.0    orientation = 0.0, 180.0, 0.0
force create element_like rotational_spring_damper &
    spring_damper_name = HUOMEN_rotational_spring &
    damping = 0.25 &
    stiffness = 25.0 &
    preload = 0.0 &
    displacement_at_preload = 0 &
    i_marker_name = .MODEL_1.HUOMEN.M_a &
    j_marker_name = .MODEL_1.GDJ.HUOMEN_M_a
```

（7）建立炮弹与拨弹轮、炮弹与过弹机活门、炮弹与过弹机拨弹轮、炮弹与弹箱箱板、炮弹与炮弹等 Solid 之间的接触关系，以下是部分建模宏命令。

```
! --------------------------------------->>>> 建立炮弹与 14 个拨弹轮之间的接触关系
variable create variable_name = ip_pd integer_value = 1
while condition = (ip_pd <= 24 )
    if condition = (eval(DB_EXISTS(".MODEL_1.PD_40_"//ip_pd )))
        variable create variable_name = ipp integer_value = 1
```

```
        while condition =(ipp <= 14 )
            if condition =(eval(DB_EXISTS(".MODEL_1.DX_BDL_"//ipp//".SOLID1")))
                contact create contact_name = (eval("CT_PD"//ip_pd//"_DX_BDL_"//ipp ))  &
                    i_geometry_name = (eval(".MODEL_1.PD_40_"//ip_pd//".SOLID1")) &
                    j_geometry_name =(eval("DX_BDL_"//ipp//".SOLID2"))  &
                    stiffness = 1.0E+005  damping = 600.0 exponent = 2.2  &
                    dmax = 0.1  no_friction = true
                    variable set variable_name = ipp integer =(eval(ipp +1))
            else
                variable set variable_name = ipp integer =(eval(ipp +1))
                continue
            end
        end
        variable delete variable_name = ipp
        variable set variable_name = ip_pd integer =(eval(ip_pd +1))
    else
        variable set variable_name = ip_pd integer =(eval(ip_pd +1))
        continue
    end
end
variable delete variable_name = ip_pd
!------------------------------------------>>>> 建立炮弹与部分零部件之间的接触关系
variable create variable_name = ipp integer_value = 1
while condition =(ipp <= 24 )
    if condition = (eval(DB_EXISTS(".MODEL_1.PD_40_"//ipp )))
        !------------------------------------>>>> 建立炮弹与过弹机活门之间的接触关系
        contact create contact_name = (eval("CT_PD"//ipp//"_GDJ_huomen")) &
            i_geometry_name = (eval(".MODEL_1.PD_40_"//ipp //".SOLID1")) &
            j_geometry_name = .MODEL_1.HUOMEN.SOLID1 &
            stiffness = 1.0E+005 damping = 100.0 exponent = 2.2  dmax = 0.1 no_fric-
tion = true
        !------------------------------------>>>> 建立炮弹与过弹机拨弹轮之间的接触关系
        contact create contact_name = (eval("CT_PD"//ipp//"_GDJ_BDL")) &
            i_geometry_name = (eval(".MODEL_1.PD_40_"//ipp //".SOLID1")) &
            j_geometry_name = .MODEL_1.GDJ_BDL.SOLID1 &
            stiffness = 1.0E+005 damping = 100.0 exponent = 2.2  dmax = 0.1 no_fric-
tion = true
        !------------------------------------>>>> 建立炮弹与过弹机箱体之间的接触关系
        contact create contact_name = (eval("CT_PD"//ipp//"_GDJ_XT")) &
            i_geometry_name = (eval(".MODEL_1.PD_40_"//ipp //".SOLID1")) &
            j_geometry_name = GDJ.SOLID1, GDJ.SOLID4, GDJ.SOLID5 &
            stiffness = 1.0E+005 damping = 100.0 exponent = 2.2  dmax = 0.1 no_fric-
tion = true
        !------------------------------------>>>> 建立炮弹与弹箱箱板之间的接触关系
        contact create contact_name = (eval("CT_PD"//ipp//"_XMB")) &
            i_geometry_name = (eval(".MODEL_1.PD_40_"//ipp //".SOLID1")) &
            j_geometry_name = XMB.SOLID1 &
            stiffness = 1.0E+005 damping = 100.0 exponent = 2.2  dmax = 0.1 no_fric-
tion = true
        !----------------------------------->>>> 建立炮弹与弹箱中隔板之间的接触关系
        contact create contact_name = (eval("CT_PD"//ipp//"_ZGB")) &
            i_geometry_name = (eval(".MODEL_1.PD_40_"//ipp //".SOLID1")) &
            j_geometry_name = .MODEL_1.ZGB.SOLID2, .MODEL_1.ZGB.SOLID1 &
```

```
            stiffness = 1.0E+005 damping = 100.0 exponent = 2.2  dmax = 0.1 no_fric-
tion = true
         variable set variable_name = ipp integer=(eval(ipp+1))
    else
         variable set variable_name = ipp integer=(eval(ipp+1))
         continue
    end
end
variable delete variable_name = ipp
```

（8）使用以下宏命令批量调整弹箱中拨弹轮的相位角，建立弹箱驱动轴旋转扭矩，取消模型中的重力设置，设置求解器参数、仿真总时间与总步数，并提交计算。

```
! ---------------------------------------->>>> 批量调整弹箱中拨弹轮的相位角
move rotation geometry = DX_BDL_14.SOLID2, DX_BDL_14.SOLID3 &
    csmarker = .MODEL_1.DX_BDL_14.MAR_CM    a1 =0.0 a2 =0.0 a3 =2.0    about =yes
move rotation geometry = DX_BDL_12.SOLID2, DX_BDL_12.SOLID3 &
    csmarker = .MODEL_1.DX_BDL_12.MAR_CM    a1 =0.0 a2 =0.0 a3 = -3.52    about =yes
move rotation geometry = DX_BDL_12.SOLID2, DX_BDL_12.SOLID3 &
    csmarker = .MODEL_1.DX_BDL_12.MAR_CM    a1 =0.0 a2 =0.0 a3 = -2.0    about =yes
move rotation geometry = DX_BDL_13.SOLID2, DX_BDL_13.SOLID3 &
    csmarker = .MODEL_1.DX_BDL_13.MAR_CM    a1 =0.0 a2 =0.0 a3 = -2.0    about =yes
move rotation geometry = DX_BDL_9.SOLID2, DX_BDL_9.SOLID3 &
    csmarker = .MODEL_1.DX_BDL_9.MAR_CM    a1 =0.0 a2 =0.0 a3 = -2.0    about =yes
move rotation geometry = GDJ_BDL.SOLID1&
    csmarker = .MODEL_1.GDJ_BDL.MAR_R    a1 =0.0 a2 =0.0 a3 =1.0    about =yes
! ---------------------------------------->>>> 建立弹箱驱动轴的旋转扭矩
marker create marker=.MODEL_1.GDJ_BDL.MARKER_1886 &
   location= 0.0, 0.0, -74.7921638864  orientation=0.0, 180.0, 0.0
marker create marker=.MODEL_1.GDJ_BDL.MARKER_1887 &
   location= 0.0, 0.0, -74.7921638864  orientation=0.0, 180.0, 0.0
force create direct single_component_force &
   single_component_force_name=.MODEL_1.T80NM_Z_GDJ_BDL &
   type_of_freedom=rotational &
   action_only = on &
   i_marker_name=.MODEL_1.GDJ_BDL.MARKER_1886 &
   j_marker_name=.MODEL_1.GDJ_BDL.MARKER_1887 &
   function = "-80E+003"
! ---------------------------------------->>>> 取消重力
entity attr entity_name=.MODEL_1.gravity active=off dependents_active=off
! ---------------------------------------->>>> 设置求解器参数
executive set numerical model = .MODEL_1 integrator = Newmark
! ---------------------------------------->>>> 设置线程数量、求解总时长与总步数
executive_control set preferences thread_count = 4
   simulation single set update = "none"
   simulation single trans &
   type           = auto_select  &
   initial_static  = no    &
   end_time        = 1.0         &
   number_of_steps = 20000
```

隐藏不必要的 Part 后，最终所建立的同旋向拨弹轮弹箱动力学模型如图 4 – 5（a）所示，该模型共包含有效部件 28 个、运动副 29 个、扭簧 1 个、接触对 95 个。

4.2.3　额定驱动力矩下弹箱的动态通畅性分析

同旋向拨弹轮弹箱动态通畅性分析旨在检验整个无链供弹装置在连续供弹过程中是否存在动态卡滞、卡弹等故障。仿真结果如图 4 – 5 和图 4 – 6 所示，在 0.22 s 之前，供弹系统的额定驱动力矩主要用于克服各个转动部件的转动惯量；0.25 ~ 0.75 s 之间，炮弹在弹箱内部“跳跃式”传输，此时供弹速度曲线呈现出有规律、大幅度的波动，这是因为同旋向拨弹轮弹箱内部炮弹在传输过程中速度发生数值与方向上的突变所致；在这期间，平均供弹速度约为 1××× 发/分，满足某高炮的射击要求；0.6 s 后首发炮弹被传输至弹箱出口，0.8 s 后第五发炮弹被输送出弹箱出口，此后空负载的弹箱在额定驱动力矩的驱动下加速旋转。

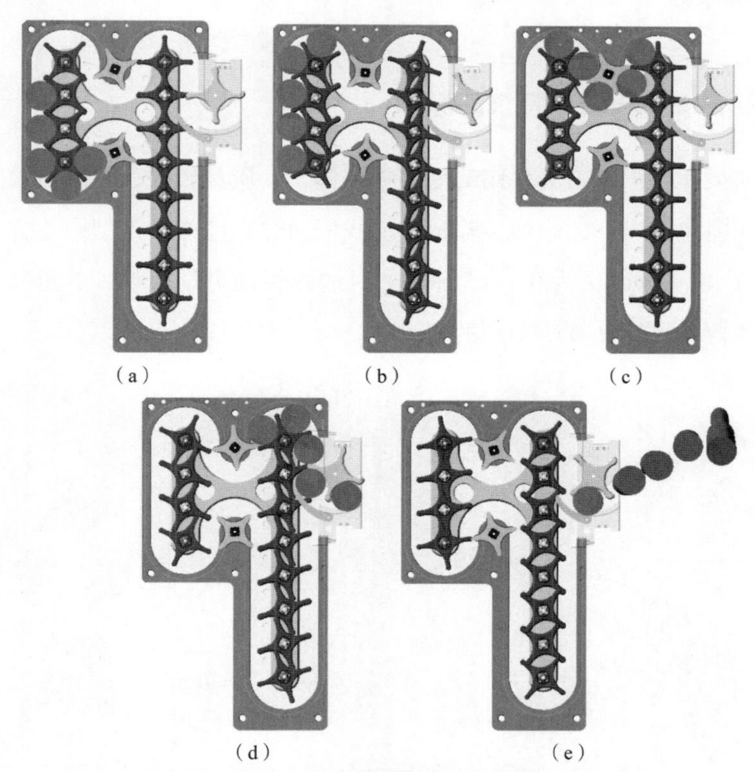

图 4 – 5　同旋向拨弹轮弹箱的通畅性分析结果

（a）启动之前（t = 0.0 s）；（b）启动之初（t = 0.2 s）；（c）箱内传输（t = 0.4 s）；（d）第一发炮弹到达出口（t = 0.6 s）；（e）供弹完成（t = 0.8 s）

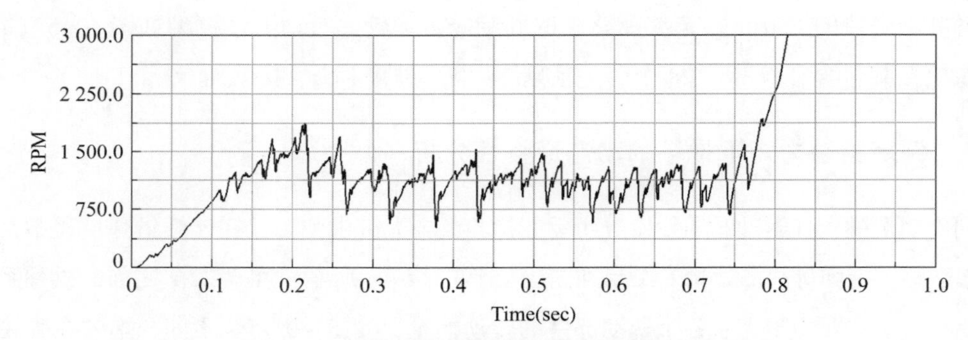

图 4-6 同旋向拨弹轮弹箱的供弹速度曲线

从以上仿真结果来看，因为供弹过程中炮弹速度波动较大，同旋向拨弹轮弹箱内部将出现较大的振动与冲击，进而导致那些与炮弹有接触的零部件发生磨损或者变形，并最终降低供弹可靠性，因此，同旋向拨弹轮弹箱不适用于储弹量较大的高速供弹系统。

4.2.4 射角变化对弹箱供弹特性的影响

当前同旋向拨弹轮弹箱内部存储的炮弹弹体修长、质量较大，且质心靠前，因此我们有必要分析不同射角情况下的炮弹传输特性。我们通过在动力学模型中建立射角参数 fire_angle，分别建立 fire_angle 值为 0°、45°和 90°时的弹箱动力学模型，并进行仿真，以下为建立射角参数和再次提交计算所用到的宏命令。

```
! ---------------------------------------------------------------->>> 参数化射角
variable create variable_name = .MODEL_1.fire_angle  &
     real = 0      units = angle      range = 0,90
! ---------------------------------------------------------------->>> 参数化重力
force modify body gravitational gravity = .MODEL_1.gravity &
     x_comp =  0  &
     y_comp = ( 9800.0 * SIN(fire_angle))  &
     z_comp = ( -9800.0 * COS(fire_angle))
     force attrib force = .MODEL_1.gravity  visibility = no_opinion
! --------------------------------------------------------------->>> 再次提交计算
simulation single scripted &
     sim_script_name = .MODEL_1.Last_Sim &
     reset_before_and_after = yes
```

所获得的计算结果如图 4-7 和表 4-1 所示，可以看出，在不同射角条件下的炮弹速度曲线波动形式基本一致，但同一驱动力矩下炮弹传输速度的变化量较大，其原因在于：

随着火力系统射角增大，炮弹重力形成的阻力矩在逐渐减小，所以炮弹的运动速度逐渐增大。总之，和其他小口径自动炮供弹系统相比，重力在中大口径自动炮供弹系统中的影响较大。

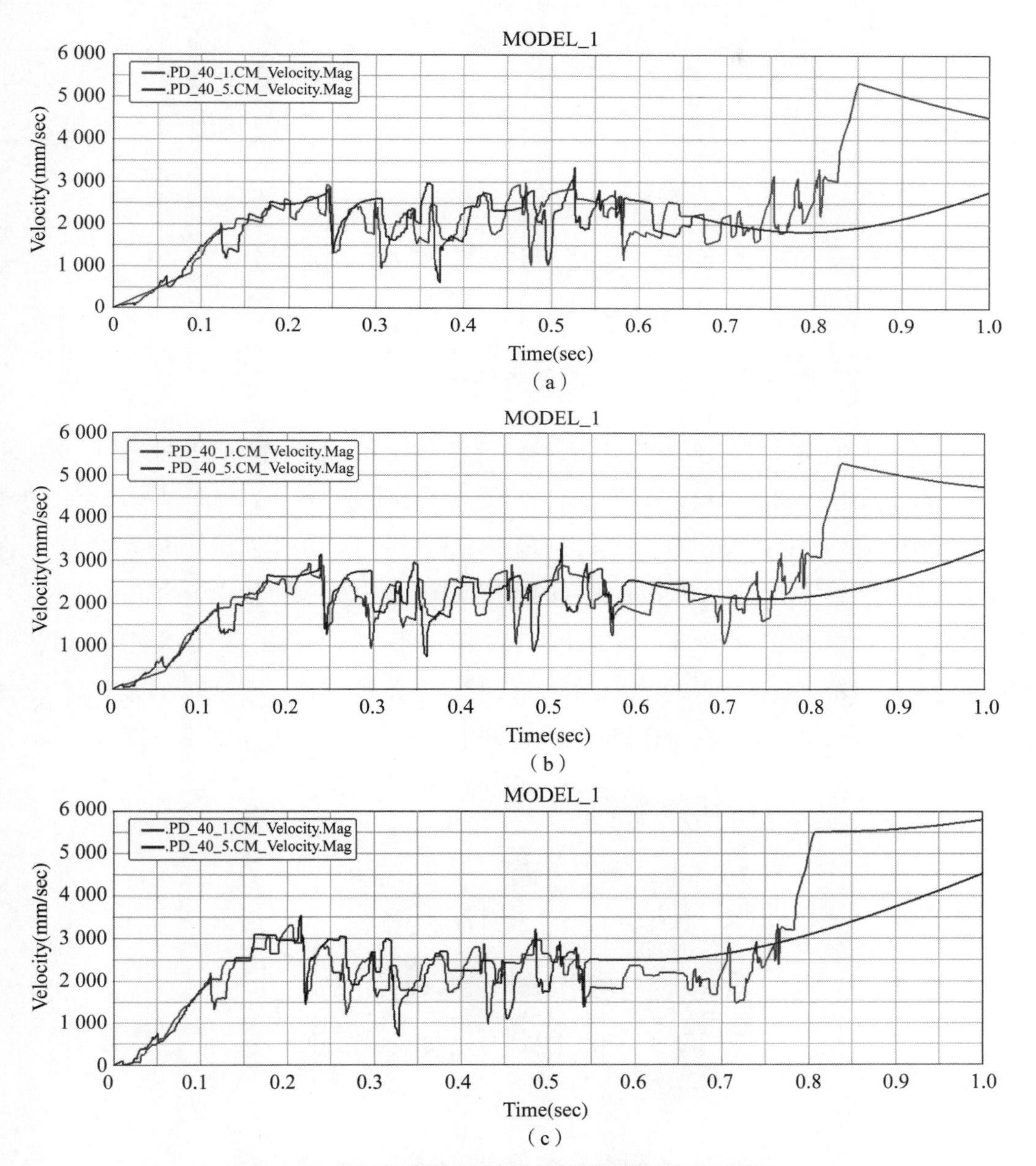

图 4－7　不同射角情况下炮弹传输特性分析（附彩图）

（a）0°射角；（b）45°射角；（c）90°射角

表 4-1 不同射角下的炮弹速度对比

射角	传输速度（mm/s）	
	炮弹 1	炮弹 5
0°	3 029	1 968
45°	3 130（+3.3%）	2 542（+29.1%）
90°	3 265（+7.7%）	2 420（+22.9%）

4.3 弹箱与自动机进弹机联动交接过程的建模与结果分析

4.3.1 弹箱与自动机联动交接过程的动力学建模

当前所建立的同旋向拨弹轮弹箱与自动机进弹机的联动交接模型如图 4-8 所示。同旋向拨弹轮弹箱作为随炮弹箱，在液压马达的驱动下，将炮弹输送到弹箱过弹机与自动机进弹机的接合之处，在此过程中，自动机的拨弹轮保持静止，由于液压马达持续泵油，使过弹机拨弹轮一直推挤炮弹，从而将炮弹的药筒抵在自动机进弹机拨弹轮的轮爪之上。火炮发射后，自动机的炮闩后坐撞击拨弹轮驱动滑板向炮尾方向滑动，驱动滑板后坐时，旋转拨弹轮驱动凸轮，最终使得进弹机拨弹轮转动并拨走炮弹。从以上过程可以看出，比较猛烈的后坐能量在驱动进弹机拨弹轮时，容易产生较大的横向拨弹过载。

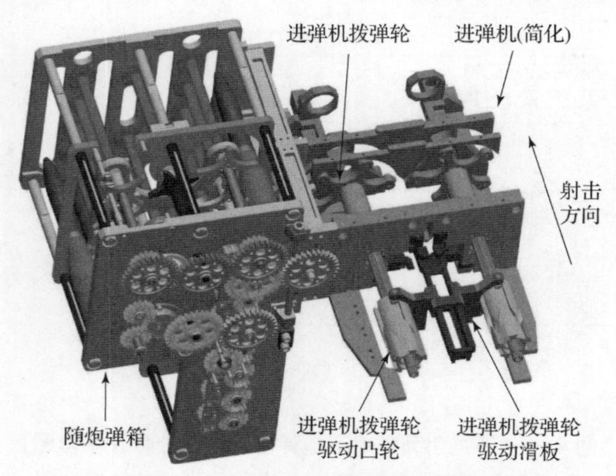

图 4-8 弹箱与自动机进弹机的联动交接模型

当前的弹箱要存储和输送某种制导炮弹，而这种制导炮弹中的导引头模块结构复杂，对供输弹过程的横向过载和膛内运动过程中的纵向过载有一定要求，因此我们有必要建立弹箱与自动机进弹机的联动交接模型，并分析交接过程中炮弹的横向过载是否满足要求。

为了简化计算模型，当前联动交接模型只需装配 2 发炮弹。和 4. 2. 2 节中的建模过程类似，联动交接动力学模型需要使用宏命令修正自动机进弹机拨弹轮、炮弹导轨、驱动滑板等全部实体的内外层名称，并建立炮弹与各个零件的接触关系，这里不再赘述。最后需建立如图 4 -9 所示的滑板运动曲线，并再次提交计算，以下为建立滑板运动曲线和滑板平动副所用到的宏命令。

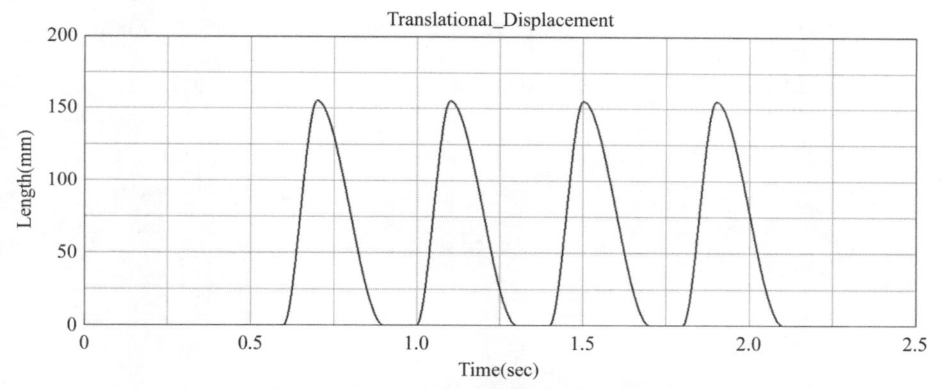

图 4 -9　四连发工况下的滑板运动曲线

```
! ---------------------------------------->>> 建立驱动滑板运动曲线,输入时需将
! ---------------------------------------->>>“string_value”后的代码写为一行宏代码
variable create variable_name = .MODEL_1.T_motion_4_Round  &
string_value = "STEP( time , 0.5 , 0.0 , 0.6 , 0 ) + STEP( time , 0.6, 0.0 , 0.7 , 155 ) + STEP
( time , 0.7, 0.0 , 0.9 , -155 ) +
               STEP( time , 0.9, 0.0 , 1.0 , 0 ) + STEP( time , 1.0, 0.0 , 1.1 , 155 ) + STEP
( time , 1.1, 0.0 , 1.3 , -155 ) +
               STEP( time , 1.3, 0.0 , 1.4 , 0 ) + STEP( time , 1.4, 0.0 , 1.5 , 155 ) + STEP
( time , 1.5, 0.0 , 1.7 , -155 ) +
               STEP( time , 1.7, 0.0 , 1.8 , 0 ) + STEP( time , 1.8, 0.0 , 1.9 , 155 ) + STEP
( time , 1.9, 0.0 , 2.1 , -155 ) +
               STEP( time , 2.1, 0.0 , 2.2 , 0 )"
! ---------------------------------------->>> 建立驱动滑板平动副
marker create marker = .MODEL_1.TEST_BDL_PUSH.MAR  &
    location = 1852.0224915251, 5663.0089957958, 5003.357143165      orientation =
21.027, 0.0, 0.0
marker create marker = .MODEL_1.ground.MAR_TEST_BDL_PUSH  &
    location = 1852.0224915251, 5663.0089957958, 5003.357143165      orientation =
21.027, 0.0, 0.0
constraint create joint Translational    joint_name = .MODEL_1.T_TEST_BDL_PUSH  &
    i_marker_name = .MODEL_1.TEST_BDL_PUSH.MAR &
```

```
    j_marker_name = .MODEL_1.ground.MAR_TEST_BDL_PUSH
! ------------------------------------------------->>> 建立驱动滑板的驱动
constraint create motion_generator  motion_name = T_4_Round &
    joint_name = T_TEST_BDL_PUSH  type_of_freedom = Translational  &
    function = (eval(T_motion_4_Round))
```

4.3.2 弹箱与自动机联动交接过程的结果分析

在预定射击速度下进行动力学仿真，获得的分析结果如图 4 - 10 和图 4 - 11 所示。从图中可以看出，在两个拨弹轮的共同作用下，炮弹可以很顺畅地进入自动机的进弹机，但是最大横向过载峰值超过了 7 500g，因此在供弹装置和自动机进弹机设计和校核过程中，需要分析炮弹药筒和弹头结合部的结合强度、导引头横向过载的安全性以及进弹机拨弹轮的轮爪强度。

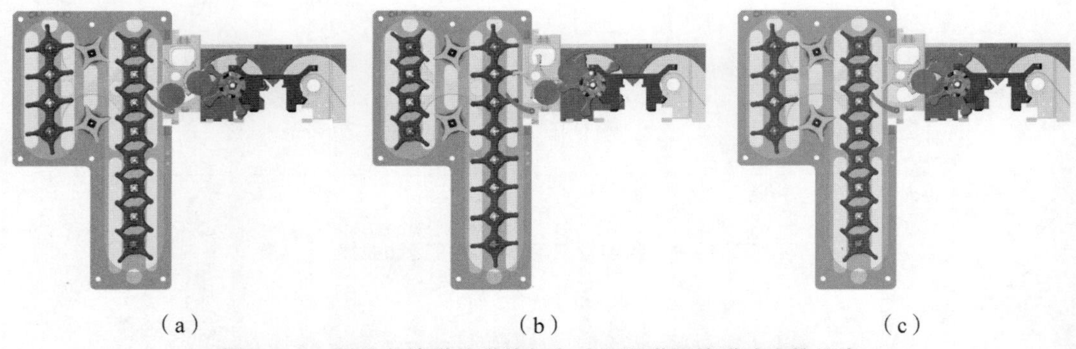

（a）　　　　　　（b）　　　　　　（c）

图 4 - 10　同旋向拨弹轮弹箱与自动机进弹机的联动交接仿真

（a）弹箱涌弹到位；（b）驱动滑板后坐拨弹；（c）驱动滑板复进拨弹

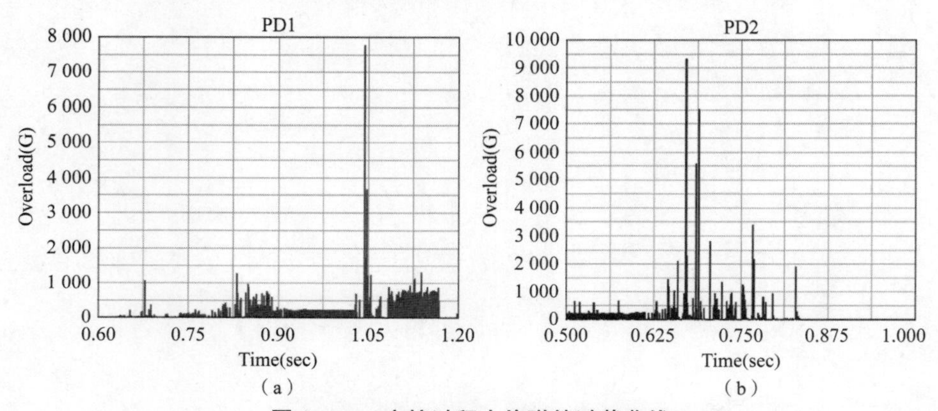

（a）　　　　　　（b）

图 4 - 11　交接过程中炮弹的过载曲线

（a）炮弹 1 的过载曲线；（b）炮弹 2 的过载曲线

第 5 章
螺旋弹鼓动力学模型快速建模技术

20 世纪 50 年代，美国已经研制出射速高达 5 000 发/分的转管航炮，新的火炮对供弹系统提出了更高的要求，因此，Panicci 等[4]构思了可执行弹壳回收功能的高速无链供弹螺旋弹鼓（以下简称螺旋弹鼓），并广泛应用于美制机载小口径航炮系统之中。20 世纪 70 年代中期，通用电气公司的 Dix[5]和 Kirkpatrick[6]对螺旋弹鼓的螺旋片和导轨等零部件进行了结构上的优化设计，大幅度地提高了螺旋弹鼓的供弹可靠性。图 5－1 为美制 F－16 战斗机的可回收弹壳螺旋弹鼓与外能源转管炮系统。该系统由液压马达驱动，携弹量 512 发，具有两档射击速度（4 000 发/分和 6 000 发/分）。

图 5－1　美制 F－16 战斗机的螺旋弹鼓与转管炮系统

假如没有弹壳回收的必要，Panicci 等[4]也给出了单一出口螺旋弹鼓的设计方案。

图 5 – 2 为俄制米格 – 31 高空截击机的单一出口螺旋弹鼓和内能源转管炮系统，该系统携弹量 236 发，具有可靠性高、启动迅速等优点。

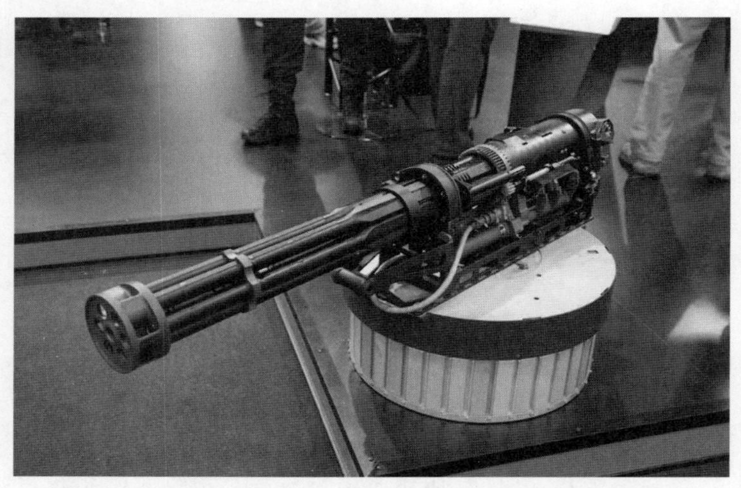

图 5 – 2 俄制米格 – 31 高空截击机的螺旋弹鼓和转管炮系统

螺旋弹鼓是一种空间输送机构，炮弹在弹鼓内外的姿态不尽相同，因此，我们在设计弹鼓的过程中应采用三维模型设计和动力学仿真计算协同驱动的模式。但在当前螺旋弹鼓动力学建模过程中存在着操作烦琐、效率低下等问题，导致建立的动力学模型不能高效地驱动三维设计，从而影响弹鼓的设计进度。

本章主要针对以上建模过程中出现的问题，构思宏代码结合循环语句的动力学模型建模方法，将此快速建模方法应用于螺旋弹鼓的正、反转动作可靠性分析之中，证实了该快速建模方法的高效性。为了进一步简化动力学模型、减少动力学模型的总计算时间，作者还针对关键零部件设计了基于推导过程的接触对建模宏命令。

5.1 螺旋弹鼓的结构原理与动力学仿真目标

5.1.1 螺旋弹鼓的结构原理

如图 5 – 3 所示，当前所设计的无链供弹装置主要由单一出口螺旋弹鼓和进弹机组成；螺旋弹鼓内部储弹量为 400 发，进弹机出口供弹速度在 5 ××× 发/分以上。适应高速启停的螺旋弹鼓内部采用面齿轮与行星齿轮传动技术，通过设计一定的传动比，可以将弹鼓内部炮弹的线速度降至出弹口的十分之一左右，这极大地降低了供弹系统整体的启停惯量，有利于提高供弹系统的启动速度和减少火力系统的反应时间。

图 5-3　单一出口螺旋弹鼓及其进弹机

螺旋弹鼓作为整个无链供弹系统的核心，其内部结构如图 5-4 所示，它主要由端盖组件（含端盖、集弹盘等）、内鼓组件（含出弹圆盘、螺旋片、活动导引和行星拨弹轮等）、外鼓组件（含外鼓导轨、外鼓面齿轮、凸轮和外鼓壳体等）等部件组成。螺旋弹鼓的工作原理是：作为主动件的内鼓，旋转时通过内鼓螺旋片来驱动外鼓导轨中的炮弹向弹鼓出口方向移动；炮弹到达导轨顶端后，被出弹圆盘上的行星拨弹轮"抓住"并向上"送入"集弹盘；集弹盘高速旋转并将其中的炮弹送入进弹机。供弹时由于存储在外鼓中

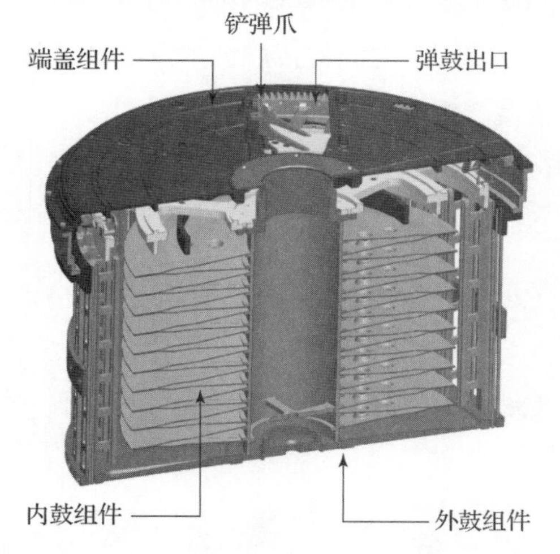

图 5-4　单一出口螺旋弹鼓的结构

的炮弹运动速度较低，加之进弹机传输线路较短，因此，供弹系统的等效转动惯量较小，比较有利于实现整个供弹系统快速启动和制动，这是螺旋弹鼓的一大优点。螺旋弹鼓的另外一个优点在于弹鼓扩容时几乎不会增加弹鼓本身的零部件数量，只需要将弹鼓的导轨和螺旋片等零部件加长即可。

5.1.2 螺旋弹鼓动力学仿真的目标

对螺旋弹鼓进行 Adams 仿真的目标有以下三个：

（1）通过建模与仿真加深对螺旋弹鼓的认识；

（2）分析额定驱动力矩下螺旋弹鼓的通畅性与供弹速度；

（3）分析火力系统高速启动、制动和反转过程中螺旋弹鼓的动作可靠性。

5.2 螺旋弹鼓的动力学快速建模过程与结果分析

5.2.1 螺旋弹鼓动力学建模的关键点

虽然螺旋弹鼓自身的零部件数目较少，但是其所存储的炮弹数量较多，这导致零部件之间的接触关系十分复杂，本书作者采用的做法是：①使用条件与循环语句结合功能性宏命令的方法，快速地过滤和修正零件外层 Part 名称和内层 Solid 名称；②采用 IF 查询语句结合嵌套双循环的方法，建立零部件之间的接触关系；③采用基于推导过程的零部件接触对建模宏命令，进一步减少模型中接触对的总数量。

5.2.2 螺旋弹鼓动力学模型的快速建立过程

建立螺旋弹鼓的动力学模型时，需提前准备一份至少含有 46 发炮弹的三维模型，详细的建模过程如下：

（1）使用 1.2.2 节中宏命令搜索和导入三维模型的同时，使用以下宏命令设置单位制、修正背景色和关闭栅格。

```
!------------------------------------------------------->>> 设置单位制
default units length = mm mass = kg force = newton time = Second angle = degrees frequency = hz
```

```
! ------------------------------------------------------------>>> 修正背景色
colors modify color_name = .colors.Background  &
red_component = 1.0 blue_component = 1.0 green_component = 1.0 gradient = "none"
defaults attributes icon_visibility = "off"
view man mod render = shaded
! ------------------------------------------------------------->>> 关闭栅格
int grid und grid = .gui.grid view = ( db_default( .system_defaults, "view" ))
```

(2) 使用1.4节中 Python 代码清理模型，同时将那些不动的、不和其他零部件接触的零件删除。

(3) 使用宏命令修正炮弹、外鼓导轨、螺旋片、出弹圆盘、推弹齿、面齿轮等全部实体的内外层名称。修正实体内外层名称的目的是对实体内外层编号按顺序重新编排，以便于后期使用宏命令实现建模自动化。以下是修正所有炮弹的材料模型、外观和内层 Solid 名称的宏命令。

```
! ---------------------------------------->>>> 修正首发炮弹的名称
entity modify entity = .MODEL_1.PD_new new = .MODEL_1.PD_new_1
! ---------------------------------------->>>> 修正炮弹的颜色、材料和内层Solid序号
variable create variable_name = ip integer_value = 1
while condition = (ip <= 50 )
    variable create variable_name = ipp integer_value = 1
    while condition = (ipp <= 1500 )
        if condition = (eval(DB_EXISTS( ".MODEL_1.PD_new_"//ip//".SOLID" //ipp)))
            part modify rigid mass_properties part_name = (eval(".MODEL_1.PD_new_"//ip))  &
                        material_type = .materials.steel
            entity attributes entity_name = (eval( ".MODEL_1.PD_new_"//ip//".SOLID"
//ipp))  &
                          type_filter = Solid visibility = no_opinion name_visibility =
no_opinion &
                        color = .colors.GREEN entity_scope = all_color transparency = 0
            entity modify entity = (eval(".MODEL_1.PD_new_"//ip//".SOLID" //ipp))  &
                          new = (eval(".MODEL_1.PD_new_"//ip//".SOLID1" ))
            variable set variable_name = ipp integer = (eval(ipp +1))
        else
            variable set variable_name = ipp integer = (eval(ipp +1))
        end
    end
    variable delete variable_name = ipp
variable set variable_name = ip integer = (eval(ip +1))
end
variable delete variable_name = ip
```

(4) 使用以下宏命令修正集弹盘推弹齿的内层 Solid 名称，并建立推弹齿和集弹盘本

体之间的 40 个固定副。外鼓导轨与外鼓壳体的固定关系、螺旋片与螺旋柱的固定关系与此类似，这里不再赘述。

```
! ---------------------------------------->>>> 修正第一个集弹盘推弹齿的 Part 名称
entity modify entity = .MODEL_1.DG_JDP_TDC new = .MODEL_1.DG_JDP_TDC_1
! ---------------------------------------->>>> 修正集弹盘推弹齿内层 Solid 序号
variable create variable_name = ip integer_value = 1
while condition =(ip <= 40 )
    variable create variable_name = ipp integer_value = 1
    while condition =(ipp <= 1500 )
        if condition = (eval(DB_EXISTS( ".MODEL_1.DG_JDP_TDC_"//ip//".SOLID" //ipp)))
            entity modify entity = (eval(".MODEL_1.DG_JDP_TDC_"//ip//".SOLID" //ipp)) &
                          new = (eval(".MODEL_1.DG_JDP_TDC_"//ip//".SOLID1" ))
            variable set variable_name = ipp integer =(eval(ipp +1))
        else
            variable set variable_name = ipp integer =(eval(ipp +1))
            continue
        end
    end
    variable delete variable_name = ipp
    variable set variable_name = ip integer =(eval(ip +1))
end
variable delete variable_name = ip
! ---------------------------------------->>>> 建立推弹齿和集弹盘本体之间的固定副
variable create variable_name = ip integer_value = 1
while condition =(ip <= 40 )
    if condition = (eval(DB_EXISTS(".MODEL_1.DG_JDP_TDC_"//ip)))
        marker create marker = (eval(".MODEL_1.DG_JDP_TDC_" //ip//".MAR_CM")) &
            location = (eval( ".MODEL_1.DG_JDP_TDC_" //ip// ".cm"))  orientation =
0.0, 0.0, 0.0
        marker create marker = (eval(".MODEL_1.JDP.TDC_" //ip//"_Fixed_MAR")) &
            location = (eval( ".MODEL_1.DG_JDP_TDC_" //ip// ".cm"))  orientation =
0.0, 0.0, 0.0

        constraint create joint Fixed joint _name = ( eval ( " TDC _" // ip// "_JDP _
Fixed")) &
            i_marker_name = (eval(".MODEL_1.DG_JDP_TDC_" //ip//".MAR_CM"))  &
            j_marker_name = (eval(".MODEL_1.JDP.TDC_" //ip//"_Fixed_MAR"))
        variable set variable_name = ip integer =(eval(ip +1))
      else
        break
    end
end
variable delete variable_name = ip
```

（5）使用宏命令建立外鼓面齿轮与大地、外鼓凸轮与大地、提弹螺旋与螺旋柱、出弹圆盘与螺旋柱等零部件之间的固定副；使用宏命令建立出弹圆盘与大地、集弹盘与大地、进弹机拨弹轮与大地、行星拨弹轮与出弹圆盘等零部件之间的旋转副，以下是部分建模用的宏命令。

```
! ---------------------------------------->>>> 建立外鼓面齿轮与大地之间的固定副
marker create marker = .MODEL_1.WG_MCL.MAR_CM &
   location = .MODEL_1.WG_MCL.cm  orientation = 0.0, 0.0, 0.0
marker create marker = .MODEL_1.ground.WG_FG_Fixed_MAR &
   location = .MODEL_1.WG_MCL.cm  orientation = 0.0, 0.0, 0.0
constraint create joint Fixed joint_name = WAIGU_FG_Fixed &
   i_marker_name = WG_MCL.MAR_CM  j_marker_name = ground.WG_FG_Fixed_MAR
! ---------------------------------------->>>> 建立外鼓凸轮与大地之间的固定副
marker create marker = .MODEL_1.WG_TULUN.MAR_CM &
   location = .MODEL_1.WG_TULUN.cm  orientation = 0.0, 0.0, 0.0
marker create marker = .MODEL_1.ground.WG_CAM_Fixed_MAR &
   location = .MODEL_1.WG_TULUN.cm  orientation = 0.0, 0.0, 0.0
constraint create joint Fixed joint_name = WAIGU_CAM_Fixed &
   i_marker_name =  WG_TULUN.MAR_CM  j_marker_name = ground.WG_CAM_Fixed_MAR
! ---------------------------------------->>>> 建立集弹盘的旋转副
marker create marker = .MODEL_1.JDP.R_C &
   location = 0.0, 0.0, 0.0  orientation = 0.0, 0.0, 0.0
marker create marker = .MODEL_1.ground.NG_R_G &
   location = 0.0, 0.0, 0.0 orientation = 0.0, 0.0, 0.0
constraint create joint Revolute joint_name = .MODEL_1.JDP_Rotation &
   i_marker_name = .MODEL_1.JDP.R_C  j_marker_name = .MODEL_1.ground.NG_R_G
! ---------------------------------------->>>> 建立出弹圆盘的旋转副
marker create marker = .MODEL_1.NEIGU_YP.R_C &
   location = 0.0, 0.0, 0.0 orientation = 0.0, 0.0, 0.0
constraint create joint Revolute joint_name = .MODEL_1.NEIGU_YP_Rotation &
   i_marker_name = .MODEL_1.NEIGU_YP.R_C  j_marker_name = .MODEL_1.ground.NG_R_G
```

（6）使用以下宏命令建立活动导引的旋转副、活动导引扭簧参数表和活动导引扭簧。

```
! ---------------------------------------->>>> 建立活动导引 1 与出弹圆盘之间的旋转副
marker create marker =.MODEL_1.HDDY_finger1.R_C &
   location =269.1702216604, 207.9612746914, 2.1300648709 &
   orientation =91.7799994109, 90.0, 347.4947061765
marker create marker =.MODEL_1.NEIGU_YP.finger1_R_C &
   location =269.1702216604, 207.9612746914, 2.1300648709 &
   orientation =91.7799994109, 90.0, 347.4947061765
constraint create joint Revolute joint_name = .MODEL_1.HDDY_finger1_Rotation &
   i_marker_name = .MODEL_1.HDDY_finger1.R_C &
   j_marker_name = .MODEL_1.NEIGU_YP.finger1_R_C
! ---------------------------------------->>>> 建立活动导引 2 与出弹圆盘之间的旋转副
marker create marker =.MODEL_1.HDDY_finger2.R_C &
   location = -269.1702216604, -207.9612746914, 2.1300648709 &
   orientation =271.7799994109, 90.0, 182.8852187136
```

```
marker create marker = .MODEL_1.NEIGU_YP.finger2_R_C &
    location = -269.1702216604, -207.9612746914, 2.1300648709 &
    orientation = 271.7799994109, 90.0, 182.8852187136
constraint create joint Revolute joint_name = .MODEL_1.HDDY_finger2_Rotation &
    i_marker_name = .MODEL_1.HDDY_finger2.R_C &
    j_marker_name = .MODEL_1.NEIGU_YP.finger2_R_C
! ------------------------------------------->>>> 建立活动导引扭簧的参数表
variable create variable_name = Spring_k real = 25.0 &
     units = no_units delta_type = percent_relative range = -10, +10  use_range = yes
variable create variable_name = Spring_k_F0 real = 20.0 &
     units = no_units delta_type = percent_relative range = -10, +10  use_range = yes
! ------------------------------------------->>>> 建立活动导引 1 的扭簧
marker create marker = .MODEL_1.HDDY_finger1.M_a &
    location = 269.1702216604, 207.9612746914, 2.1300648709 &
    orientation = 91.7799994109, 90.0, 257.4947061765
marker create marker = .MODEL_1.NEIGU_YP.M_a &
    location = 269.1702216604, 207.9612746914, 2.1300648709 &
    orientation = 91.7799994109, 90.0, 347.4947061765
force create element_like rotational_spring_damper &
    spring_damper_name = finger1_rotational_spring &
    damping = ( Spring_k/100.0 ) &
    stiffness = ( Spring_k ) &
    preload = ( Spring_k_F0 ) &
    displacement_at_preload = 0 &
    i_marker_name = .MODEL_1.HDDY_finger1.M_a &
    j_marker_name = .MODEL_1.NEIGU_YP.M_a
! ------------------------------------------->>>> 建立活动导引 2 的扭簧
marker create marker = .MODEL_1.HDDY_finger2.M_b &
    location = -269.1702216604, -207.9612746914, 2.1300648709 &
    orientation = 271.7799994109, 90.0, 92.8852187136
marker create marker = .MODEL_1.NEIGU_YP.M_b &
    location = -269.1702216604, -207.9612746914, 2.1300648709 &
    orientation = 271.7799994109, 90.0, 182.8852187136
force create element_like rotational_spring_damper &
     spring_damper_name = finger2_rotational_spring &
     damping = ( Spring_k/100.0 ) &
     stiffness = ( Spring_k ) &
     preload = ( Spring_k_F0 ) &
     displacement_at_preload = 0 &
     i_marker_name = .MODEL_1.HDDY_finger2.M_b &
     j_marker_name = .MODEL_1.NEIGU_YP.M_b
```

（7）建立炮弹与炮弹、炮弹与螺旋片、炮弹与外鼓导轨、炮弹与集弹盘、炮弹与行星拨弹轮、活动导引与外鼓凸轮等 Solid 之间的接触关系，以下是使用宏命令循环建立炮弹与炮弹、炮弹与螺旋片等 Solid 之间接触关系的实例。

```
! ------------------------------------------->>>> 建立炮弹与炮弹之间的接触关系
variable create variable_name = ipp integer_value = 1
```

```
while condition = (ipp <= 80)
    if condition = (eval(DB_EXISTS(".MODEL_1.PD_new_"//ipp )))
        if condition = (eval(DB_EXISTS(".MODEL_1.PD_new_"//ipp +1 )))
            contact create contact_name = (eval("CT_PD"//ipp//"_PD"//ipp +1))  &
                i_geometry_name = (eval(".MODEL_1.PD_new_"//ipp //".SOLID1")) &
                j_geometry_name = (eval(".MODEL_1.PD_new_"//ipp +1//".SOLID1"))  &
                stiffness = 1.0E+005 damping = 100.0 exponent = 2.2  &
                dmax = 0.1  no_friction = true
        else
            variable set variable_name = ipp integer =(eval(ipp +1))
        end
        variable set variable_name = ipp integer =(eval(ipp +1))
    else
        variable set variable_name = ipp integer =(eval(ipp +1))
    end
end
variable delete variable_name = ipp
! ------------------------------------------->>>> 建立炮弹与螺旋片之间的接触关系
variable create variable_name = ip_dt integer_value = 1
while condition =(ip_dt <= 80)
    if condition = (eval(DB_EXISTS(".MODEL_1.PD_new_"//ip_dt )))
            variable create variable_name = ipp integer_value = 3
            while condition =(ipp <= 105 )
                if condition =(eval(DB_EXISTS(".MODEL_1.NG_TDLX.SOLID"//ipp)))
                    contact create contact _name = (eval ( "CT _PD"// ip _dt// "_
TDLX"//ipp )) &
                        i_geometry_name = (eval(".MODEL_1.PD_new_"//ip_dt //".
SOLID1")) &
                        j_geometry_name = (eval("NG_TDLX.SOLID"//ipp)) &
                        stiffness = 1.0E+005 damping = 100.0 exponent = 2.2 &
                        dmax = 0.1 no_friction = true
                    variable set variable_name = ipp integer =(eval(ipp +1))
                else
                    variable set variable_name = ipp integer =(eval(ipp +1))
                end
            end
            variable delete variable_name = ipp
        variable set variable_name = ip_dt integer =(eval(ip_dt +1))
    else
        variable set variable_name = ip_dt integer =(eval(ip_dt +1))
    end
end
variable delete variable_name = ip_dt
```

（8）使用以下宏命令为进弹机驱动轴建立旋转驱动，修正重力方向，设置求解器参数、仿真总时间与总步数，并提交计算。

```
! ------------------------------------------->>>> 建立进弹机驱动轴的旋转扭矩
marker create marker =.MODEL_1.INPUT_BDL_Gear.MARKER_1886 &
```

```
    location = -500.6742514218, -179.8590947471, -190.17 &
    orientation =109.7600015893, 90.0, 269.8832773721
marker create marker = .MODEL_1. INPUT_BDL_Gear. MARKER_1887 &
    location = -500.6742514218, -179.8590947471, -190.17 &
    orientation =109.7600015893, 90.0, 269.8832773721
force create direct single_component_force &
     single_component_force_name = .MODEL_1. T80NM_Z &
     type_of_freedom = rotational &
     action_only = on &
     i_marker_name = .MODEL_1. INPUT_BDL_Gear. MARKER_1886 &
     j_marker_name = .MODEL_1. INPUT_BDL_Gear. MARKER_1887 &
     function = "8.0E+004"
! ------------------------------------------>>>> 修正重力方向
force modify body gravitational gravity = .MODEL_1.gravity &
    x_comp = 0 y_comp = 0 z_comp = 9806.65
force attrib force = .MODEL_1. gravity visibility = no_opinion
! ------------------------------------------>>>> 设置求解器参数
executive set numerical model = .MODEL_1 integrator = Newmark
! ------------------------------------------>>>> 设置线程数量、求解总时长与总步数
executive_control set preferences thread_count = 4
    simulation single set update = "none"
    simulation single trans &
    type              = auto_select  &
    initial_static   = no    &
    end_time         = 1.0           &
    number_of_steps = 20000
```

隐藏不必要的 Part 后，最终所建立的螺旋弹鼓动力学模型如图 5 - 5 所示。该模型共包含有效部件 18 个、炮弹 46 发、运动副 18 个、弹簧（扭簧）2 个、接触对 4 761 个。

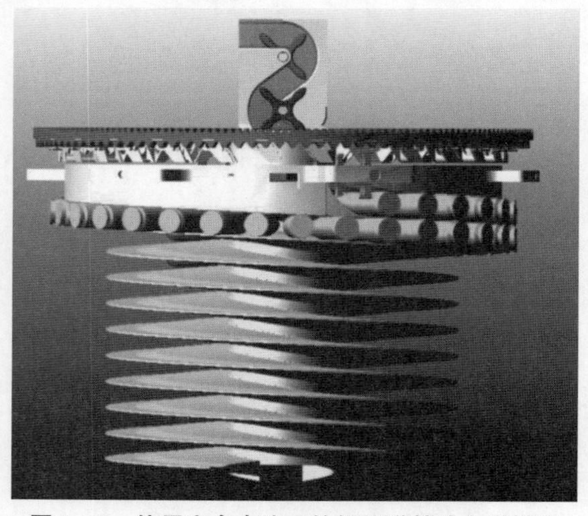

图 5 - 5　使用宏命令建立的螺旋弹鼓动力学模型

通过统计建模过程耗时（表 5－1），本文发现当前快速建模方法所消耗的时间约为传统方法（点击 GUI 命令图标）的 4%，这体现出当前宏命令建模方法在建模效率方面的巨大优势。

表 5－1　建模过程时间消耗对比

建模方法	时间消耗
点击 GUI 命令图标	7 小时 30 分钟
宏命令操作	18 分钟

5.2.3　额定驱动力矩下螺旋弹鼓的动态通畅性分析

螺旋弹鼓的动态通畅性分析旨在检验整个无链供弹装置在连续供弹过程中是否存在动态卡滞、卡弹等故障。动力学仿真结果如图 5－6 和图 5－7 所示，在 0.25 s 之前，供弹系

图 5－6　螺旋弹鼓通畅性仿真结果

(a) 启动之初 (t=0.25 s)；(b) 稳定供弹 (t=0.5 s)；

(c) 稳定供弹末期 (t=0.75 s)；(d) 供弹完成 (t=1.0 s)

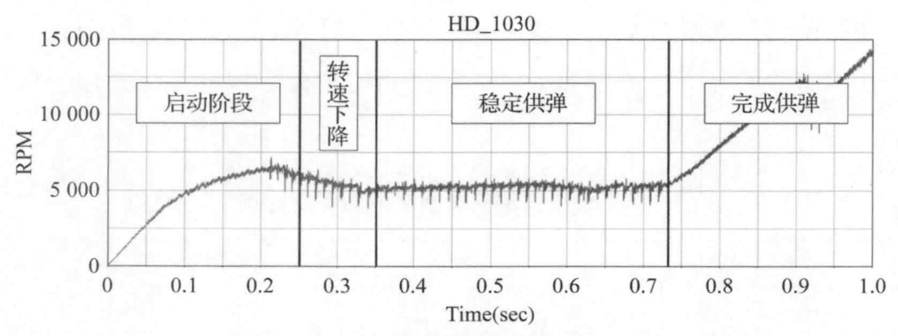

图 5－7　螺旋弹鼓的供弹曲线

统的额定驱动力矩主要用于克服各个转动部件的转动惯量，0.25 s 以后弹鼓开始向外供弹；0.25 s～0.35 s 之间，供弹曲线出现了小幅度的下降，这是因为外鼓中的炮弹经集弹盘进入弹鼓外的进弹机后速度和运动方向发生了较大的变化；0.35 s 后弹鼓的供弹速度稳定在 5××× 发/分左右，满足转管炮的射击要求；0.75 s 后，44 发炮弹被进弹机拨弹轮拨出，此时空负载的弹鼓在额定驱动力矩的驱动下加速旋转。

5.2.4　基于推导过程的接触对建模宏命令及其效果

上文的宏命令建立了 4 700 多个接触对，这大大增加了 Adams 的总求解时间，但是通过简单分析可以发现，由于初始装配关系的原因，某个炮弹在初始时刻只会和某两个外鼓导轨相接触，因此没有必要建立 46×40＝1 840 个接触对，而只需建立 46×2＝92 个接触对。在炮弹进入集弹盘之后，炮弹只会和某两个集弹盘推弹齿相接触，因此也没有必要建立 46×36＝1 656 个接触对，而只需建立 46×2＝92 个接触对。但是某个炮弹和哪两个导轨或推弹齿相接触，需要通过查看接触瞬间的仿真结果进行确认，而随后的炮弹就会依次和相应的导轨、推弹齿按照次序进行接触，因此可以推算出全部炮弹与对应的导轨、推弹齿的接触关系，这就是基于推导过程的接触对建模方法基本原理。

基于以上分析结果，下面给出部分炮弹与集弹盘推弹齿的接触对建模宏命令，炮弹与导轨的接触对建模过程与此类似，这里不再赘述。

```
! ---------------------------------------->>>> 建立炮弹(1 -40)与某两个推弹齿间的接触
variable create variable_name = detla_CP integer_value = 19
variable create variable_name = num_36 integer_value = 36
variable create variable_name = ipp integer_value = 1
while condition =(ipp <= 40 )
    if condition = (eval(DB_EXISTS("PD_new_" // ipp )))
```

```
        if condition = ((ipp + detla_CP) < num_36 )
            contact create contact_name = (eval("CT_PD"//ipp//"_JDP_"//num_36 - (ipp
+ detla_CP ) +1 )) &
                i_geometry_name = (eval("PD_new_"//ipp//".SOLID1")) &
                j_geometry_name = (eval("DG_JDP_TDC_"//num_36 - (ipp + detla_CP ) +1//".
SOLID1" )) &
                stiffness = 1.0E+005 damping = 100.0 exponent = 2.2 dmax = 0.1 no_
friction = true
            contact create contact_name = (eval("CT_PD"//ipp//"_JDP_"//num_36 - (ipp +
detla_CP ) )) &
                i_geometry_name = (eval("PD_new_"//ipp//".SOLID1")) &
                j_geometry_name = (eval("DG_JDP_TDC_"//num_36 - (ipp + detla_CP ) //".
SOLID1" )) &
                stiffness = 1.0E+005 damping = 100.0 exponent = 2.2 dmax = 0.1 no_
friction = true
        elseif  condition = ((ipp + detla_CP) == num_36 )
            contact create contact_name = (eval("CT_PD"//ipp//"_JDP_1")) &
                i_geometry_name = (eval("PD_new_"//ipp//".SOLID1")) &
                j_geometry_name = DG_JDP_TDC_1.SOLID1 &
                stiffness = 1.0E+005 damping = 100.0 exponent = 2.2 dmax = 0.1 no_
friction = true
            contact create contact_name = (eval("CT_PD"//ipp//"_JDP_36")) &
                i_geometry_name = (eval("PD_new_"//ipp//".SOLID1")) &
                j_geometry_name = DG_JDP_TDC_36.SOLID1 &
                stiffness = 1.0E+005 damping = 100.0 exponent = 2.2 dmax = 0.1 no_
friction = true
        else
            contact create contact_name = (eval("CT_PD"//ipp//"_JDP_"//num_36 - (ipp +
detla_CP ) +37 )) &
                i_geometry_name = (eval("PD_new_"//ipp//".SOLID1")) &
                j_geometry_name = (eval("DG_JDP_TDC_"//num_36 - (ipp + detla_CP ) +
37//".SOLID1" )) &
                stiffness = 1.0E+005 damping = 100.0 exponent = 2.2 dmax = 0.1 no_
friction = true
            contact create contact_name = (eval("CT_PD"//ipp//"_JDP_"//num_36 - (ipp +
detla_CP ) +36 )) &
                i_geometry_name = (eval("PD_new_"//ipp//".SOLID1")) &
                j_geometry_name = (eval("DG_JDP_TDC_"//num_36 - (ipp + detla_CP ) +
36//".SOLID1" )) &
                stiffness = 1.0E+005 damping = 100.0 exponent = 2.2 dmax = 0.1 no_
friction = true
        end
        variable set variable_name = ipp integer = (eval(ipp +1))
    else
        variable set variable_name = ipp integer = (eval(ipp +1))
        continue
end
    end
```

```
variable delete variable_name = ipp
variable delete variable_name = detla_CP
variable delete variable_name = num_36
! ------------------------------->>>> 建立炮弹(41 -80)与某两个推弹齿间的接触
variable create variable_name = detla_CP integer_value = -39
variable create variable_name = num_36 integer_value = 36
variable create variable_name = ipp integer_value = 41
while condition =(ipp <= 80 )
    if condition = (eval(DB_EXISTS("PD_new_"//ipp )))
        if condition = ((ipp + detla_CP) < num_36 )
            contact create contact_name = (eval("CT_PD"//ipp//"_JDP_"//num_36 -(ipp +
detla_CP )+1 )) &
                i_geometry_name = (eval("PD_new_"//ipp//".SOLID1")) &
                j_geometry_name = (eval("DG_JDP_TDC_"//num_36 -(ipp + detla_CP ) +
1//".SOLID1" )) &
                stiffness = 1.0E+005 damping = 100.0 exponent = 2.2 dmax = 0.1 no_
friction = true
            contact create contact_name = (eval("CT_PD"//ipp//"_JDP_"//num_36 -(ipp +
detla_CP ) )) &
                i_geometry_name = (eval("PD_new_"//ipp//".SOLID1")) &
                j_geometry_name = (eval("DG_JDP_TDC_"//num_36 -(ipp + detla_CP ) //
".SOLID1" )) &
                stiffness = 1.0E+005 damping = 100.0 exponent = 2.2 dmax = 0.1 no_
friction = true
        elseif  condition = ((ipp + detla_CP) == num_36 )
            contact create contact_name = (eval("CT_PD"//ipp//"_JDP_1")) &
                i_geometry_name = (eval("PD_new_"//ipp//".SOLID1")) &
                j_geometry_name = DG_JDP_TDC_1.SOLID1 &
                stiffness = 1.0E+005 damping = 100.0 exponent = 2.2  dmax = 0.1 no_
friction = true
            contact create contact_name = (eval("CT_PD"//ipp//"_JDP_36")) &
                i_geometry_name = (eval("PD_new_"//ipp//".SOLID1")) &
                j_geometry_name = DG_JDP_TDC_36.SOLID1 &
                stiffness = 1.0E+005 damping = 100.0 exponent = 2.2  dmax = 0.1 no_
friction = true
        else
            contact create contact_name = (eval("CT_PD"//ipp//"_JDP_"//num_36 -(ipp +
detla_CP )+37 )) &
                i_geometry_name = (eval("PD_new_"//ipp//".SOLID1")) &
                j_geometry_name = (eval("DG_JDP_TDC_"//num_36 -(ipp + detla_CP ) +
37//".SOLID1" )) &
                stiffness = 1.0E+005 damping = 100.0 exponent = 2.2  dmax = 0.1 no_
friction = true
            contact create contact_name = (eval("CT_PD"//ipp//"_JDP_"//num_36 -(ipp +
detla_CP )+36 )) &
                i_geometry_name = (eval("PD_new_"//ipp//".SOLID1")) &
                j_geometry_name = (eval("DG_JDP_TDC_"//num_36 -(ipp + detla_CP ) +
36//".SOLID1" )) &
```

```
                stiffness = 1.0E+005 damping = 100.0 exponent = 2.2 dmax = 0.1 no_
friction = true
        end
        variable set variable_name = ipp integer=(eval(ipp+1))
    else
        variable set variable_name = ipp integer=(eval(ipp+1))
        continue
    end
end
variable delete variable_name = ipp
variable delete variable_name = detla_CP
variable delete variable_name = num_36
```

再次提交计算，并对求解时间进行统计，结果如表5－2所示。结果显示，本文所提出的推导式接触对建模方法可以节约计算时间一半以上。总之，虽然以上宏命令编写过程略微烦琐，但是在简化模型和减少计算总时间方面是有明显效果的。

表5－2　建模方法与求解时间对比

建模方法	时间消耗
遍历式宏命令	约24分钟
推导式宏命令	约9分钟

5.2.5　螺旋弹鼓启动、制动和反转过程的动力学建模与分析

当前火力系统和俄制“卡斯坦”近防系统的不同之处是：自动机和供弹装置需要反转切换弹种，也就是说，控制机构制动弹鼓后，整个弹鼓需要及时反转并将进弹机中的炮弹退回集弹盘和内鼓导轨之中。由于该弹鼓在设计时执行轮廓最小化设计原则，弹鼓反转时，集弹盘和出弹圆盘之间的炮弹存在干涉且不能可靠地进入预定存储区域。针对该问题，作者为该弹鼓设计了一种需要和活动导引联动的簧片导引（简称联动簧片导引，图5－8）。设置联动簧片导引的理想目标是：弹鼓反转压弹时，联动簧片导引及时弹出，和活动导引协作，以便于将不同存储区域的炮弹及时隔开。

此时需要使用图5－9所示的进弹机驱动力矩，并再次提交计算，以下为修正驱动力矩和再次提交计算所用到的宏命令。

图 5-8 与活动导引联动的簧片导引

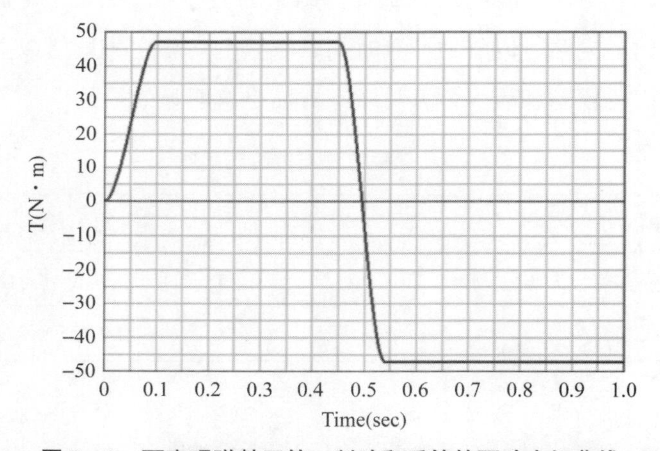

图 5-9 可实现弹鼓正转、制动和反转的驱动力矩曲线

```
! ------------------------------------------------------>>> 修正进弹机驱动力矩
force modify direct single_component_force  &
    single_component_force = .MODEL_1.T80NM_Z  &
    function = "STEP( time , 0 , 0.0 , 0.1 , 5.0E+004 ) + STEP( time , 0.1, 0.0 , 0.45 , 0.0 ) +
STEP( time , 0.45, 0.0 , 0.54 , -1.0E+005 ) + STEP( time , 0.54, 0.0 , 1.01 , 0.0 ) "
! ------------------------------------------------------>>> 再次提交计算
simulation single scripted &
   sim_script_name = .MODEL_1.Last_Sim &
   reset_before_and_after = yes
```

经过多次修改联动簧片的三维尺寸，并调整附属扭簧参数，作者完成了螺旋弹鼓正转、制动和反转计算。计算结果如图 5-10 所示，0.8 s 左右弹鼓被完全制动，此时进弹机的转速降为 0 转/分；然后弹鼓开始反转压弹，0.97 s 左右将分属不同存储区域的炮弹 29（黑色）和炮弹 44（红色）自进弹机压入集弹盘，此时活动导引和联动簧片导引及时弹起，并将炮弹隔开；1.0 s 以后，炮弹 29（黑色）和炮弹 44（红色）完成分区，并开始进入各自的存储位置。

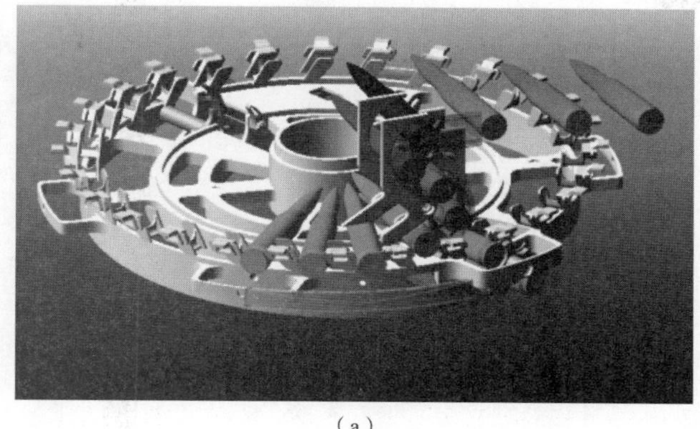

（a）

（b）

（c）

图 5－10　设置联动簧片导引后正转、制动和反转过程仿真结果

（a）螺旋弹鼓完全制动（$t=0.8046$ s）；（b）活动导引和联动簧片导引抬起（$t=0.972$ s）；

（c）红、黑炮弹完成分区（$t=1.0068$ s）

第 6 章
导气式转膛自动机动力学模型快速建模技术

小口径单管转膛自动机作为现代机载航炮系统的核心，具有射速高、工作可靠和重量轻等特点，因此备受西欧军事强国的青睐。比如法国的 DEFA 554 型航炮、Giat 30M791 型航炮和德国 Mauser 公司 BK－27 型航炮的早期型号。和其他类型单管航炮相比，虽然以上航炮可以达到较高的射速，但是它们一般采用有链供弹，而弹链的使用总是会或多或少地增加火炮发射故障，因此有必要发展基于无链供弹的转膛自动炮。在这种需求的牵引下，德国 Mauser 公司和 Rheinmetall Air Defence 公司[7]分别研发了基于无链供弹的新型转膛自动炮，其外观如图 6－1 和图 6－2 所示。

从驱动方式上来说，转膛自动机一般可分为管退式自动机和导气式自动机两种，其中导气式转膛自动机因射速较高而得到广泛应用。由于导气式转膛自动机的运动循环由火药气体驱动，加上高速运动的零部件之间存在着复杂的接触或碰撞关系，因此在设计转膛自动

图 6－1　德国 Mauser 公司的新型 BK－27 转膛航炮

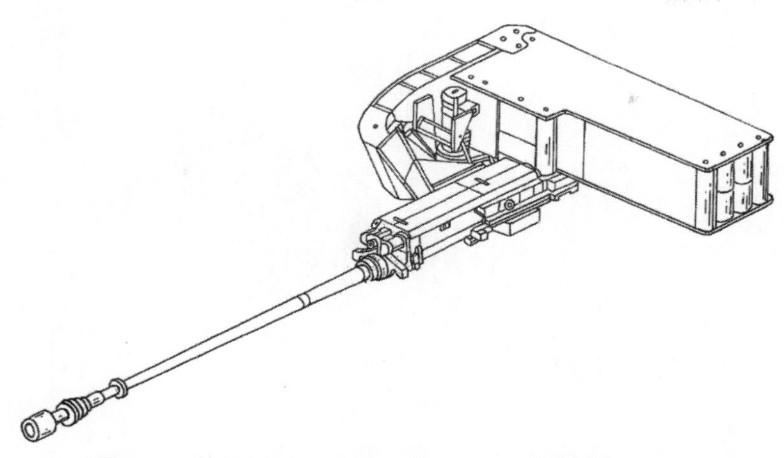

图 6－2　德国 Rheinmetall Air Defence 公司的新型转膛炮

机的过程中应采用三维模型设计和动力学仿真计算协同驱动的模式。某航炮设计单位开发的 30 mm 导气式转膛自动机内部零部件数量较多、接触关系复杂，而该单位设计人员低下的建模能力与仿真效率不能高效地驱动三维设计，从而影响新型自动机的研发进度。

本章主要针对以上建模过程中出现的问题，构思宏代码结合循环语句的动力学模型建模方法，并将此快速建模方法应用于导气式转膛自动机的单发发射动力学建模之中。为了进一步研究转膛自动机的极限射速，作者基于 Adams 仿真控制脚本建立了导气式转膛自动机的三连发发射动力学模型。

6.1　导气式转膛自动机的结构原理与动力学仿真目标

6.1.1　导气式转膛自动机的结构原理

当前所设计的导气式双路进弹转膛自动机如图 6－3 所示，它主要包含身管、炮箱、转膛体、转膛滑板、输弹滑筒簧（滑板缓冲簧）、推弹臂、抽壳机构、换向凸轮、双路供弹进弹机、排壳器等零部件。该自动炮利用从身管导出的火药气体驱动滑板组件（包括导气滑板、转膛滑板、滑板锁键、换向活门、推弹滑座、推弹臂等）向后运动的同时，利用转膛滑板曲线槽驱动转膛体间歇转动，依次完成抽壳、抛壳、挂机、供弹、推弹、闭锁、击发等动作。

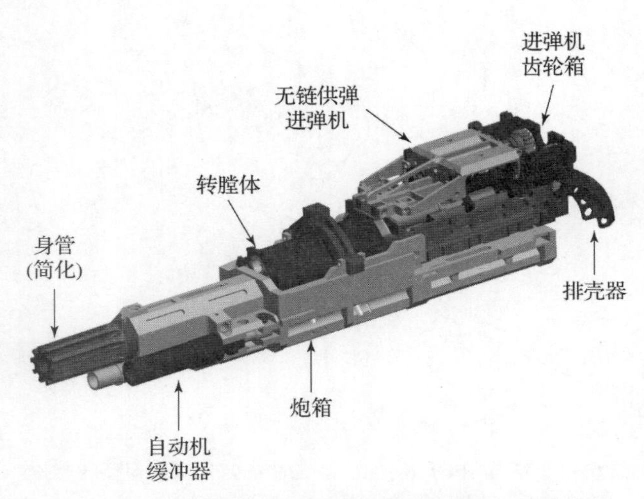

图 6－3　当前所设计的导气式双路进弹转膛自动机

导气式转膛自动机的内部结构如图 6－4 所示。射击前在气动装填装置的协助下，自动机完成首发装填，即处于射击等待状态；按下击发按钮后，扣机解脱推弹滑座，在输弹滑筒簧簧力的作用下，转膛滑板向前运动的同时旋转转膛体，使得待击发炮弹的弹膛对准身管；击发后，弹丸在高温、高压的火药气体驱动下向炮口方向运动；当弹丸越过导气孔之后，火药气体涌入导气室，并推动身管左右两侧的活塞向后加速运动，进而撞击导气滑板及其附属转膛滑板等零部件；转膛滑板经过一段空行程之后，滑板曲线槽开始驱动转膛体滚轮，使得转膛体加速旋转并驱动进弹机齿轮用于供弹；当转膛滑板撞击炮箱止位面之后，在滑筒簧簧力的作用下，转膛滑板向前复进的同时，完成抽壳、抛壳和推弹入膛等动作，至此，自动机完成了单发射击循环。

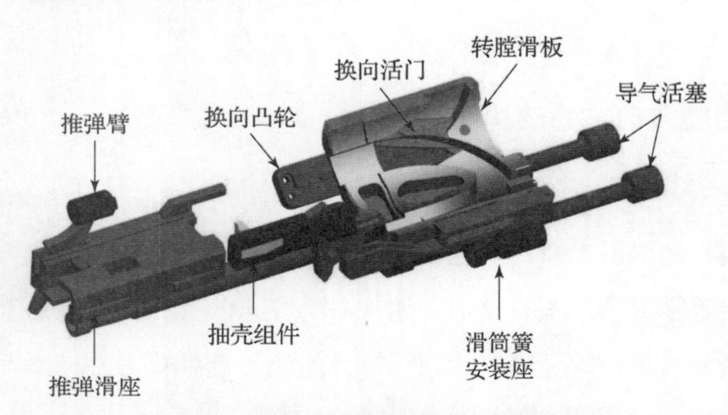

图 6－4　导气式转膛自动机的内部结构

6.1.2　导气式转膛自动机动力学仿真的目标

对导气式转膛自动机进行 Adams 仿真的目标有以下三个：

(1) 通过建模与仿真加深对导气式转膛自动机的认识；

(2) 分析当前导气装置尺寸参数下自动机的单发通畅性与循环时间；

(3) 分析当前导气装置尺寸参数下自动机的三连发通畅性与连发射速。

6.2　导气式转膛自动机的动力学快速建模过程与结果分析

6.2.1　导气式转膛自动机动力学建模的关键点

导气式转膛自动机内部参与运动的零部件数目较多，导气装置的载荷作用时机与零部件之间的接触关系也比较复杂。为了便于建模，本书作者采用的做法是：①使用条件与循环语句结合功能性宏命令的方法，快速地过滤和修正零件外层 Part 名称和内层 Solid 名称；②采用 IF 查询语句结合双循环嵌套的方法，建立零部件之间的接触关系；③利用导气装置载荷曲线、活塞位移传感器和仿真过程控制脚本来建立自动机单发与三连发时的发射动力学模型。

6.2.2　导气式转膛自动机动力学模型的快速建立过程

建立导气式转膛自动机的动力学模型时，需提前准备一份至少含有 3 发炮弹的三维模型，详细的建模过程如下：

(1) 使用 1.2.2 节中宏命令搜索和导入三维模型的同时，使用以下宏命令设置单位制、修正背景色和关闭栅格。

```
!----------------------------------------------------------------->>> 设置单位制
default units length = mm mass = kg force = newton time = Second angle = degrees frequency = hz
!----------------------------------------------------------------->>> 修正背景色
colors modify color_name = .colors.Background &
red_component = 1.0 blue_component = 1.0 green_component = 1.0 gradient = "none"
defaults attributes icon_visibility = "off"
view man mod render = shaded
!----------------------------------------------------------------->>> 关闭栅格
int grid und grid = .gui.grid view = ( db_default( .system_defaults, "view" ))
```

（2）使用1.4节中Python代码清理模型，同时将那些不动的、不和其他零部件接触的零件删除。

（3）使用宏命令修正炮弹、膛底抓钩、抽壳加速臂、抽壳挺、进弹机壳体、进弹机拨弹轮、挡弹板、换向凸轮等单个实体的内外层名称。修正实体内外层名称的目的是对实体内外层编号按顺序重新编排，以便于后期使用宏命令实现建模自动化。以下是修正所有炮弹的材料模型、外观和内层 Solid 名称的宏命令。

```
!------------------------------------------->>> 首发炮弹改名
entity modify entity = .MODEL_1.LD25 new = .MODEL_1.LD25_1
!------------------------------------------->>> 循环运算修正炮弹名称和密度参数,
!------------------------------------------->>> 使其质量维持在0.68 kg左右
variable create variable_name = ip integer_value = 1
while condition =(ip <= 10 )
    variable create variable_name = ipp integer_value = 1
    while condition =(ipp <= 500 )
        if condition = (eval(DB_EXISTS( ".MODEL_1.LD25_"//ip//".SOLID" //ipp)))
            !-------------------------------->>>> 修正显示特性
            entity attributes  entity_name  = (eval( ".MODEL_1.LD25_"//ip//".SOLID"
//ipp)) &
            type_filter  = Solid  visibility  = no_opinion  name_visibility = no_o-
pinion &
            color  = .colors.GREEN  entity_scope  = all_color   transparency = 0
            !-------------------------------->>>> 修正密度
            part modify rigid mass_properties  part_name = (eval( ".MODEL_1.LD25_"//ip))  &
                                               density = (3500.0(kg/meter**3))
            !-------------------------------->>>> 修正内层Solid编号
            entity modify entity = (eval(".MODEL_1.LD25_"//ip//".SOLID" //ipp))  &
                          new = (eval(".MODEL_1.LD25_"//ip//".SOLID1" ))
            variable set variable_name = ipp integer =(eval(ipp +1))
        else
            variable set variable_name = ipp integer =(eval(ipp +1))
            continue
        end
    end
    variable delete variable_name = ipp
    variable set variable_name = ip integer =(eval(ip +1))
end
variable delete variable_name = ip
```

（4）使用以下宏命令将那些与炮箱固连的零部件融合（merge）运算，然后修正炮箱综合体的内层 Solid 名称，并建立炮箱与大地之间的固定副，最后修正炮箱综合体的显示属性。

```
! ---------------------------------------->>>> 与炮箱固连的部分零部件merge处理
part merge rigid_body part_name = SG_0722     into_part = PX_0726 ! --- 身管
part merge rigid_body part_name = PX_XZB      into_part = PX_0726 ! --- 炮箱内的限位板
part merge rigid_body part_name = PX_SH       into_part = PX_0726 ! --- 炮箱锁环
part merge rigid_body part_name = FDZ_DK      into_part = PX_0726 ! --- 锁环挡片
part merge rigid_body part_name = PKQ_FWK     into_part = PX_0726 ! --- 排壳器复位块
part merge rigid_body part_name = ZG          into_part = PX_0726 ! --- 转膛抓钩
part merge rigid_body part_name = HS_DT_1     into_part = PX_0726 ! --- 活塞堵头1
part merge rigid_body part_name = HS_DT_2     into_part = PX_0726 ! --- 活塞堵头2
! ---------------------------------------->>>> 修正炮箱Part内层Solid序号
entity modify entity = .MODEL_1.PX_0726  new = .MODEL_1.PX
variable create variable_name = ip integer_value = 1
variable create variable_name = ipp integer_value = 1
     while condition = (ipp <= 500 )
          if condition = (eval(DB_EXISTS(".MODEL_1.PX.SOLID" //ipp)))
                    part modify rigid mass_properties  part_name = .MODEL_1.PX  &
                                                material_type = .materials.stainless
                    if condition = ( ipp == ip )
                         variable set variable_name = ip integer = (eval(ip + 1))
                    else
                         entity modify entity = (eval(".MODEL_1.PX.SOLID" //ipp)) &
                                        new = (eval(".MODEL_1.PX.SOLID" //ip))
                         variable set variable_name = ip integer = (eval(ip + 1))
                    end
               variable set variable_name = ipp integer = (eval(ipp + 1))
          else
               variable set variable_name = ipp integer = (eval(ipp + 1))
               continue
          end
     end
     variable delete variable_name = ipp
variable delete variable_name = ip
! ---------------------------------------->>>> 建立炮箱与大地之间的固定副
marker create marker = .MODEL_1.PX.MAR_CM &
    location = .MODEL_1.PX.cm  orientation = 0.0, 0.0, 0.0
marker create marker = .MODEL_1.ground.PX_Ground_Fixed_MAR &
    location = .MODEL_1.PX.cm  orientation = 0.0, 0.0, 0.0
constraint create joint Fixed    joint_name = PX_Ground_Fixed_MAR &
    i_marker_name = .MODEL_1.PX.MAR_CM &
    j_marker_name = .MODEL_1.ground.PX_Ground_Fixed_MAR
! ---------------------------------------->>>> 修正炮箱的显示属性
entity attributes      entity_name   = PX &
     type_filter        = Part &
     visibility         = no_opinion &
     name_visibility    = no_opinion &
     color              = .colors.YELLOW &
     entity_scope       = all_color &
     transparency       = 85
```

（5）使用以下宏命令将那些与转膛滑板固连的零部件融合（merge）运算，然后修正滑板组件的内层 Solid 名称，并建立转膛滑板与炮箱之间的平动副，最后建立滑板左右两侧的滑筒簧参数变量表及弹簧模型。

```
! ------------------------------------->>>> 与转膛滑板固连的部分零部件 merge 处理
part merge rigid_body part_name = DQ_HB_TONG_1    into_part = DQ_HB  ! --- 滑筒簧座 1
part merge rigid_body part_name = DQ_HB_TONG_2    into_part = DQ_HB  ! --- 滑筒簧座 2
part merge rigid_body part_name = ZT_HB_5TH       into_part = DQ_HB  ! --- 转膛滑板
part merge rigid_body part_name = HB_KEY          into_part = DQ_HB  ! --- 滑板锁键
part merge rigid_body part_name = DQ_HB_LJHT      into_part = DQ_HB  ! --- 连接滑筒
part merge rigid_body part_name = HZ_BASE         into_part = DQ_HB  ! --- 推弹滑座
part merge rigid_body part_name = JF_HB           into_part = DQ_HB  ! --- 击发滑板
! ------------------------------------->>>> 修正 Part 外层名称
entity modify entity = .MODEL_1.DQ_HB  new = .MODEL_1.ZT_HB
! ------------------------------------->>>> 修正转膛滑板材料属性及内层 Solid 序号
variable create variable_name = ip integer_value = 1
variable create variable_name = ipp integer_value = 1
    while condition =(ipp <= 500 )
       if condition =(eval(DB_EXISTS(".MODEL_1.ZT_HB.SOLID" //ipp)))
                 part modify rigid mass_properties  part_name = .MODEL_1.ZT_HB &
                                              material_type = .materials.stainless
                 if condition =( ipp == ip )
                     variable set variable_name = ip integer =(eval(ip +1))
                 else
                     entity modify entity = (eval(".MODEL_1.ZT_HB.SOLID" //ipp)) &
                                 new = (eval(".MODEL_1.ZT_HB.SOLID" //ip))
                     variable set variable_name = ip integer =(eval(ip +1))
                 end
            variable set variable_name = ipp integer =(eval(ipp +1))
       else
            variable set variable_name = ipp integer =(eval(ipp +1))
            continue
       end
    end
variable delete variable_name = ipp
variable delete variable_name = ip
! ------------------------------------->>>> 建立滑板的平动副
marker create marker =.MODEL_1.ZT_HB.MAR_T &
   location =153.0, -9.99999989, -66.0     orientation = -90.0,90.0,291.4737203151
marker create marker =.MODEL_1.PX.ZT_HB_MAR_T &
   location =153.0, -9.99999989, -66.0    orientation = -90.0,90.0,291.4737203151
constraint create joint Translational    joint_name =.MODEL_1.T_ZT_HB &
   i_marker_name =.MODEL_1.ZT_HB.MAR_T &
   j_marker_name =.MODEL_1.PX.ZT_HB_MAR_T
! ------------------------------------->>>> 建立滑筒簧参数变量表
variable create variable_name = ht_k  real = 3.39 &
```

```
     units = no_units delta_type = percent_relative   range = -10, +10   use_range = yes
variable create variable_name = ht_F0   real = 1540.0 &
     units = no_units delta_type = percent_relative   range = -10, +10   use_range = yes
! ------------------------------------------->>>> 建立滑筒簧左簧
marker create marker = .MODEL_1.ZT_HB.MAR_sdht_left &
    location =  81.5, -58.99999989, -70.0    orientation = 0.0, 0.0, 0.0
marker create marker = .MODEL_1.PX.MAR_sdht_left &
    location =  634.0, -58.99999978, -70.0    orientation = 0.0, 0.0, 0.0
Force create element_like translational_spring_damper   spring_damper_name = spring_
sdht_left  &
    i_marker_name = .MODEL_1.ZT_HB.MAR_sdht_left  &
    j_marker_name = .MODEL_1.PX.MAR_sdht_left  &
    damping    = ( ht_k /100.0 ) &
    stiffness = ( ht_k ) &
    preload    = ( ht_F0 ) &
    displacement_at_preload = (eval(DM(ZT_HB.MAR_sdht_left, PX.MAR_sdht_left )))
! ------------------------------------------->>>> 建立滑筒簧右簧
marker create marker = .MODEL_1.ZT_HB.MAR_sdht_right &
    location = 81.5, 59.00000011, -70.0    orientation = 0.0, 0.0, 0.0
marker create marker = .MODEL_1.PX.MAR_sdht_right &
    location = 634.0, 59.00000011, -70.0   orientation = 0.0, 0.0, 0.0
Force create element_like translational_spring_damper  spring_damper_name = spring_
sdht_right &
    i_marker_name = .MODEL_1.ZT_HB.MAR_sdht_right &
    j_marker_name = .MODEL_1.PX.MAR_sdht_right  &
    damping    = ( ht_k /100.0 ) &
    stiffness = ( ht_k ) &
    preload    = ( ht_F0 ) &
    displacement_at_preload = (eval(DM(ZT_HB.MAR_sdht_right, PX.MAR_sdht_right )))
```

（6）使用以下宏命令将那些与转膛体固连的零部件融合（merge）运算，然后修正转膛体的内层Solid名称，并建立转膛体与炮箱之间的旋转副，最后建立转膛体外侧滚轮与转膛体之间的固定副。

```
! ------------------------------------------->>>> 与转膛体固连的部分零部件merge处理
part merge rigid_body part_name = ZT_ZHOU        into_part = ZT_BASE  ! --- 转膛轴
part merge rigid_body part_name = JDJ_ZHOU       into_part = ZT_BASE  ! --- 进弹机转轴
part merge rigid_body part_name = JDJ_ZHOU_CL    into_part = ZT_BASE  ! --- 进弹机转轴齿轮
part merge rigid_body part_name = ZT_CT_1        into_part = ZT_BASE  ! --- 转膛衬套1
part merge rigid_body part_name = ZT_CT_2        into_part = ZT_BASE  ! --- 转膛衬套2
part merge rigid_body part_name = ZT_CT_3        into_part = ZT_BASE  ! --- 转膛衬套3
part merge rigid_body part_name = ZT_CT_4        into_part = ZT_BASE  ! --- 转膛衬套4
! ------------------------------------------->>>> 修正转膛体外层Part名称
entity modify entity  = .MODEL_1.ZT_BASE_ZT_BASE_2_ new = .MODEL_1.ZT
! ------------------------------------------->>>> 修正转膛体材料属性及内层Solid序号
```

```
variable create variable_name = ip integer_value = 1
variable create variable_name = ipp integer_value = 1
     while condition =(ipp <= 500 )
          if condition =(eval(DB_EXISTS(".MODEL_1.ZT.SOLID" //ipp)))
               part modify rigid mass_properties  part_name = .MODEL_1.ZT &
                                                  material_type = .materials.stainless
               if condition =( ipp == ip )
                    variable set variable_name = ip integer =(eval(ip +1))
               else
                    entity modify entity = (eval( " ZT.SOLID" // ipp))   new = (eval( "
ZT.SOLID" //ip))
                    variable set variable_name = ip integer =(eval(ip +1))
               end
               variable set variable_name = ipp integer =(eval(ipp +1))
          else
               variable set variable_name = ipp integer =(eval(ipp +1))
               continue
          end
     end
variable delete variable_name = ipp
variable delete variable_name = ip
! ---------------------------------------->>>> 建立转膛体的旋转副
marker create marker =.MODEL_1.ZT.MAR_R &
   location = -17.0, 0.0, 34.0     orientation =90.0, 90.0, 63.345733751
marker create marker =.MODEL_1.PX.ZT_MAR_R &
   location = -17.0, 0.0, 34.0     orientation =90.0, 90.0, 63.345733751
constraint create joint Revolute    joint_name =.MODEL_1.Revo_ZT &
   i_marker_name =.MODEL_1.ZT.MAR_R    j_marker_name =.MODEL_1.PX.ZT_MAR_R
! ---------------------------------------->>>> 修正首个转膛体滚轮名称
entity modify entity = .MODEL_1.ZT_GL_       new = .MODEL_1.ZT_GL_1
! ---------------------------------------->>>> 四层嵌套循环,修正滚轮内层 Solid 序号
variable create variable_name = ip_bolt integer_value = 1
while condition =(ip_bolt <= 4 )
   variable create variable_name = ip integer_value = 1
   variable create variable_name = ipp integer_value = 1   !
        while condition =(ipp <= 500 )
             if condition = (eval(DB_EXISTS( ".MODEL_1.ZT_GL_"//ip_bolt//".SOLID" //
ipp)))
                  part modify rigid mass_properties &
                  part_name = (eval( "ZT_GL_"// ip_bolt )) material_type = . materi-
als.stainless
                  if condition =( ipp == ip )
                       variable set variable_name = ip integer =(eval(ip +1))
                  else
                       entity modify entity = (eval( "ZT_GL_"// ip_bolt // ".SOLID" //
ipp)) &
                                  new = (eval("ZT_GL_"// ip_bolt // ".SOLID" //ip))
```

```
                    variable set variable_name = ip integer =(eval(ip +1))
                end
                variable set variable_name = ipp integer =(eval(ipp +1))
            else
                   variable set variable_name = ipp integer =(eval(ipp +1))
                continue
            end
        end
    variable delete variable_name = ipp
    variable delete variable_name = ip
variable set variable_name = ip_bolt integer =(eval(ip_bolt +1))
end
variable delete variable_name = ip_bolt
! ------------------------------------------>>>> 建立滚轮与转膛体固定副
variable create variable_name = ip integer_value = 1 !
while condition =(ip <= 4 )
    if condition = (eval(DB_EXISTS(".MODEL_1.ZT_GL_"//ip)))
        marker create marker = (eval(".MODEL_1.ZT_GL_"//ip//".MAR_CM")) &
            location = (eval(".MODEL_1.ZT_GL_"//ip//".cm"))   orientation = 0.0, 0.0, 0.0
        marker create marker = (eval(".MODEL_1.ZT.ZT_GL_"//ip//"_Fixed_MAR"))  &
            location = (eval(".MODEL_1.ZT_GL_"//ip//".cm"))   orientation = 0.0, 0.0, 0.0
        constraint create joint Fixed  joint_name = (eval("ZT_GL_" //ip//"_Fixed")) &
                        i_marker_name = (eval(".MODEL_1.ZT_GL_"//ip//".MAR_CM"))  &
                        j_marker_name = (eval(".MODEL_1.ZT.ZT_GL_"//ip//"_Fixed_MAR"))
        variable set variable_name = ip integer =(eval(ip +1))
    else
        break
    end
end
variable delete variable_name = ip
```

（7）建立导气活塞与炮箱、转膛滑板与转膛体、换向活门与换向凸轮等零部件之间的接触关系；建立转膛滚轮与转膛滑板、防倒转凸销、滑板活门等零部件之间的接触关系；建立炮弹与转膛体、推弹滑块、进弹机拨弹轮等之间的接触关系。以下是部分建模宏命令。

```
! ------------------------------------->>>> 建立活塞与炮箱、活塞堵头之间的接触关系
contact create contact_name = CT_HS1_2_DT1 &
    i_geometry_name = HS1.SOLID1 j_geometry_name = PX.SOLID1, PX.SOLID6 &
    stiffness = 1.0E+004  damping = 100.0  exponent = 2.2  dmax = 0.1 no_friction = true
contact create contact_name = CT_HS2_2_DT2 &
    i_geometry_name = HS2.SOLID1 j_geometry_name = PX.SOLID1, PX.SOLID7 &
    stiffness = 1.0E+004  damping = 100.0  exponent = 2.2  dmax = 0.1 no_friction = true
! ------------------------------------->>>> 建立转膛滑板与转膛体之间的接触关系
contact create contact_name = CT_ZT_HB_2_ZT  &
```

```
    i_geometry_name = ZT_HB.SOLID6 j_geometry_name = ZT.SOLID1  &
    stiffness = 1.0E+005  damping = 100.0  exponent = 2.2  dmax = 0.1 no_friction = true
!---------------------------------------->>>> 建立转膛滑板与炮箱之间的接触关系
contact create contact_name = CT_ZT_HB_2_PX  &
    i_geometry_name = ZT_HB.SOLID1 j_geometry_name = PX.SOLID1  &
    stiffness = 1.0E+005  damping = 100.0  exponent = 2.2  dmax = 0.1 no_friction = true
!---------------------------------------->>>> 建立换向活门与转膛滑板之间的接触关系
contact create contact_name = CT_HB_HM_2_ZT_HB &
    i_geometry_name = HB_HM.SOLID1 j_geometry_name = ZT_HB.SOLID6 &
    stiffness = 1.0E+005  damping = 100.0  exponent = 2.2  dmax = 0.1 no_friction = true
!---------------------------------------->>>> 建立换向活门与换向凸轮之间的接触关系
contact create contact_name = CT_HB_HM_2_HX_CAM &
    i_geometry_name = HB_HM.SOLID1 j_geometry_name = HX_CAM.SOLID1 &
    stiffness = 1.0E+005  damping = 100.0  exponent = 2.2  dmax = 0.1 no_friction = true
!---------------------------------------->>>> 建立滚轮与转膛滑板之间的接触关系
variable create variable_name = ipp integer_value = 1
while condition = (ipp <= 4 )
    if condition = (eval(DB_EXISTS(".MODEL_1.ZT_GL_"//ipp )))
        contact create contact_name = (eval("CT_ZT_GL"//ipp//"_2_ZT_HB")) &
            i_geometry_name = (eval("ZT_GL_"//ipp//".SOLID1")) &
            j_geometry_name = ZT_HB.SOLID6 &
            stiffness = 1.0E+004 damping = 100.0 exponent = 2.2 &
            dmax = 0.1 no_friction = true
        variable set variable_name = ipp integer = (eval(ipp+1))
    else
        variable set variable_name = ipp integer = (eval(ipp+1))
        continue
    end
end
variable delete variable_name = ipp
!---------------------------------------->>>> 建立滚轮与防倒转凸销之间的接触关系
variable create variable_name = ipp integer_value = 1
while condition = (ipp <= 4 )
    if condition = (eval(DB_EXISTS(".MODEL_1.ZT_GL_"//ipp )))
        contact create contact_name = (eval("CT_ZT_GL"//ipp//"_2_FDZ")) &
            i_geometry_name = (eval("ZT_GL_"//ipp //".SOLID1"))  &
            j_geometry_name = FDZ_PIN.SOLID1 &
            stiffness = 1.0E+005 damping = 100.0 exponent = 2.2 &
            dmax = 0.1 no_friction = true
        variable set variable_name = ipp integer = (eval(ipp+1))
    else
        variable set variable_name = ipp integer = (eval(ipp+1))
        continue
    end
end
variable delete variable_name = ipp
!---------------------------------------->>>> 建立滚轮与滑板活门之间的接触关系
variable create variable_name = ipp integer_value = 1
```

```
while condition = ( ipp <= 4 )
    if condition = (eval(DB_EXISTS(".MODEL_1.ZT_GL_"//ipp )))
        contact create contact_name = (eval("CT_ZT_GL"//ipp//"_2_HB_HM")) &
            i_geometry_name = (eval("ZT_GL_"//ipp//".SOLID1"))  &
            j_geometry_name = HB_HM.SOLID1 &
            stiffness = 1.0E+005 damping = 100.0 exponent = 2.2 &
            dmax = 0.1 no_friction = true
        variable set variable_name = ipp integer = (eval(ipp+1))
    else
        variable set variable_name = ipp integer = (eval(ipp+1))
        continue
    end
end
variable delete variable_name = ipp
! ------------------------------------------>>>> 建立炮弹与其他零部件之间的接触关系
variable create variable_name = ipp integer_value = 1
while condition = ( ipp <= 5 )
    if condition = (eval(DB_EXISTS(".MODEL_1.LD25_"//ipp )))
        ! ------------------------------------>>>> 炮弹与转膛体之间的接触
        contact create contact_name = (eval("CT_PD"//ipp//"_ZTT")) &
            i_geometry_name = (eval(".MODEL_1.LD25_"//ipp //".SOLID1")) &
            j_geometry_name = ZT.SOLID1 &
            stiffness = 1.0E+004  damping = 100.0  exponent = 2.2 dmax = 0.1 &
            coulomb_friction = on  &
            mu_static = 0.3 &
            mu_dynamic = 0.1  &
            stiction_transition_velocity = 100.0  &
            friction_transition_velocity = 1000.0
        ! ------------------------------------>>>> 炮弹与推弹滑块之间的接触
        contact create contact_name = (eval("CT_PD"//ipp//"_TD_HK")) &
            i_geometry_name = (eval(".MODEL_1.LD25_"//ipp //".SOLID1")) &
            j_geometry_name = TD_HK.SOLID1 &
            stiffness = 1.0E+005 damping = 100.0 exponent = 2.2 &
            dmax = 0.1 no_friction = true
        ! ------------------------------------>>>> 炮弹与进弹机左拨弹轮之间的接触
        contact create contact_name = (eval("CT_PD"//ipp//"_JDJ_BDL_L")) &
            i_geometry_name = (eval(".MODEL_1.LD25_"//ipp //".SOLID1")) &
            j_geometry_name = JDJ_BDL_L.SOLID1 &
            stiffness = 1.0E+004 damping = 100.0 exponent = 2.2 &
            dmax = 0.1 no_friction = true

        variable set variable_name = ipp integer = (eval(ipp+1))
    else
        variable set variable_name = ipp integer = (eval(ipp+1))
        continue
    end
end
variable delete variable_name = ipp
```

（8）使用以下宏命令建立导气装置推力曲线、活塞 1 的位移测量函数、活塞 1 的位置传感器及推动活塞 1 和活塞 2 的单向力模型。设置传感器的目的是：当活塞运动到极限位置时，将活塞 1 和活塞 2 的推力失效处理，以此来模拟活塞运动到极限位置时导气装置的泄气行为，其中导气活塞推力曲线如图 6－5 所示。

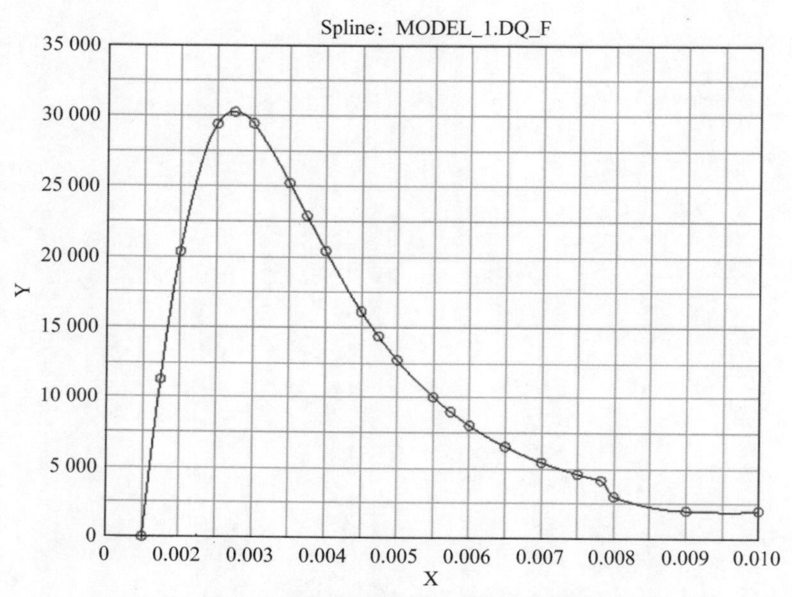

图 6－5　导气装置施加在导气活塞上的推力曲线

```
! ------------------------------------------>>>> 建立导气装置推力曲线
data_element create spline                spline = .MODEL_1.DQ_F    &
   x = 1.50E-3, 1.74E-3,  2.00E-3,  2.50E-3,  2.74E-3,  3.00E-3,  3.50E-3,
3.74E-3,  4.00E-3,  4.50E-3,  4.74E-3,  5.00E-3,  5.50E-3,  5.74E-3,  6.00E-3,
6.50E-3,  7.00E-3,  7.50E-3,  7.82E-3,  8.00E-3,  9.00E-3,  10.00E-3  &
   y =  0.0,      11295.14, 20351.11, 29383.27,   30246.52,   29444.61,   25239.96,
22892.85,  20434.06,  16145.55, 14393.33,  12720.01,  10031.90,   8978.44,   8007.27,
6534.16,  5442.75,  4616.68,  4190.46,  3000.00,  2000.00,  2000.00  &
   linear_extrapolate = yes               units = force
! ------------------------------------------>>>> 生成活塞 1 的位移测量函数
measure create pt2pt        measure_name = .MODEL_1.HS_1_DX &
     create_measure_display = yes &
     from_point = .MODEL_1.PX.MAR_T_HS1    to_point = .MODEL_1.HS1.MAR_T  &
     characteristic = translational_displacement     component = mag
! ------------------------------------------>>>> 生成活塞 1 的位置传感器
executive_control create sensor    sensor_name = .MODEL_1.SENSOR_HS1    &
      function = ".MODEL_1.HS_1_DX"  evaluate = "time"  bisection = off  &
      time_error = 1.0e-06         compare = "ge"     value = 64.0  &
```

```
        error=0.001 return="on"  halt="off"  print=off  &
        restart=offcodgen=offyydump=off
!---------------------------------------->>>> 建立活塞1的单向力模型
force create direct single_component_force &
        single_component_force_name=.MODEL_1.Dq_FORCE_left &
        type_of_freedom=translational &
        action_only = on &
        i_marker_name=.MODEL_1.HS1.MAR_T &
        j_marker_name=.MODEL_1.PX.MAR_T_HS1  &
        function="IF( time-1.50E-3: 0.0 , 0.0, AKISPL( time-1.50E-3, 0, DQ_F, 0) )"
!---------------------------------------->>>> 建立活塞2的单向力模型
force create direct single_component_force &
        single_component_force_name=.MODEL_1.Dq_FORCE_right &
        type_of_freedom=translational &
        action_only = on &
        i_marker_name=.MODEL_1.HS2.MAR_T  &
        j_marker_name=.MODEL_1.PX.MAR_T_HS2  &
        function="IF( time-1.50E-3: 0.0 , 0.0, AKISPL( time-1.50E-3, 0, DQ_F, 0) )"
```

（9）使用以下宏命令修正重力方向和设置求解器参数。

```
!---------------------------------------->>>> 修正重力方向
force modify body gravitational gravity = .MODEL_1.gravity &
    x_comp = 0  y_comp = 0  z_comp = 9806.65
force attrib force=.MODEL_1.gravity visibility=no_opinion
!---------------------------------------->>>> 设置求解器参数
executive set numerical model = .MODEL_1 integrator = Newmark
executive_control set preferences thread_count = 10
```

（10）在 Adams/View 的 simulation 工具条下，建立如下仿真脚本，该脚本的控制逻辑为：首先设置活塞运动到泄气位置前（触发活塞位移传感器之前）的仿真时间为 0.05 s，传感器触发后，将活塞 1 和活塞 2 的单向力以及传感器自身失效处理；然后再设置转膛滑板的自由运动仿真时间为 0.05 s。该自动机的理论射速在 1 ××× 发/分左右，因此 0.05 s 的仿真时间足以让自动机完成单发射击循环。

```
!---------------------------------------->>>> 通过感应活塞的位置,来决定活塞推力的
!---------------------------------------->>>> 关闭时机,然后完成击发后的动力学仿真
SIMULATE/DYNAMIC, END=0.050, STEPS=10000
DEACTIVATE/SENSOR, ID=1
DEACTIVATE/SFORCE, ID=3
DEACTIVATE/SFORCE, ID=4
SIMULATE/DYNAMIC, END=0.050, STEPS=10000
```

所建立的传感器及编制的仿真脚本如图 6－6 所示。

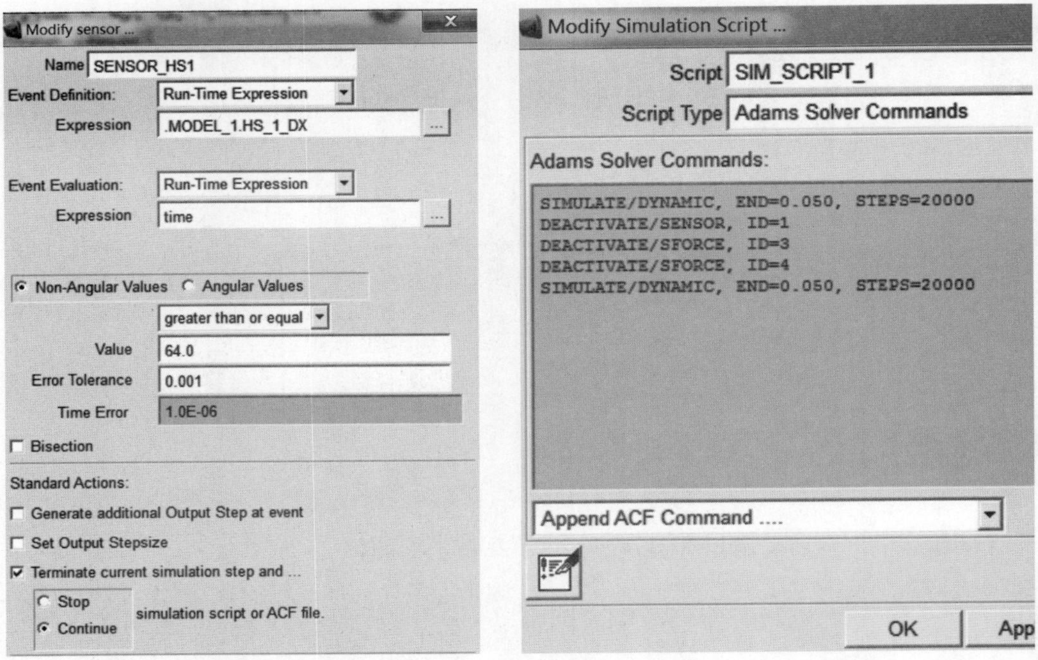

（a） （b）

图 6－6 单发发射建模时 Adams 中的相关设置

（a）导气活塞位移传感器设置；（b）仿真过程控制脚本

隐藏不必要的 Part 后，最终所建立的导气式转膛自动机动力学模型如图 6－7 所示。该模型共包含有效部件 32 个、炮弹 3 发、运动副 29 个、弹簧（扭簧）9 个、接触对 88 个。

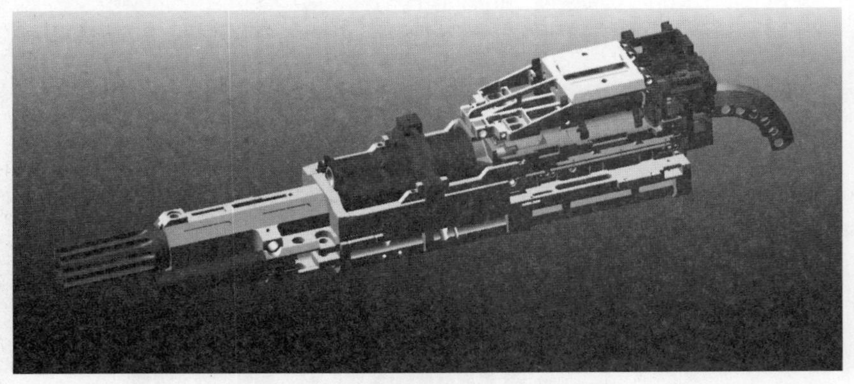

图 6－7 转膛自动机的动力学模型

6.2.3　导气式转膛自动机的单发通畅性分析

导气式转膛自动机的单发通畅性分析旨在检验整个自动机在射击循环过程中是否存在动态卡滞、卡弹、循环时间超差等故障。当前仿真结果如图6-8和图6-9所示，在发射之前，转膛滑板和导气活塞均处于前位，一发炮弹处于射击准备位；击发后火药气体通过直径为3 mm的导气孔进入导气室内并推动活塞向后运动，7.6 ms后导气活塞开始泄气，

(a)　(b)　(c)　(d)　(e)　(f)

图6-8　单发发射过程的仿真结果

(a) 发射之前 (t=0.0 ms)；(b) 击发后，活塞运动到极限位置 (t=9.3 ms)；
(c) 滑板撞击炮箱开始反弹 (t=16.4 ms)；(d) 弹壳进入抽壳钩抓钩之中 (t=30.7 ms)；
(e) 转膛滑板复进到位 (t=35.8 ms)；(f) 抽壳机构抽出弹壳 (t=49.3 ms)

在此过程中，活塞的最大速度为 15. 2 m/s；9. 3 ms 后，活塞运动到极限位置（活塞最大位移 85 mm），并与炮箱止位面碰撞，进而反弹；16. 4 ms 后，转膛滑板后坐到极限位置(135. 5 mm)，后坐过程中的最大速度为 15. 2 m/s（与导气活塞相同）；复进的转膛滑板驱动转膛体旋转，于 30. 7 ms 时刻将弹壳送入抽壳机构抓钩之中，复进过程中的最大速度为 9. 1 m/s；35. 8 ms 时，炮箱复进到位，等待下一发射击，此时可以估算自动机的射速为 60 s/35. 8 ms = 1 ××× 发/分，高于理论射速的要求。炮弹（弹壳）抛出后的最大速度为 9. 3 m/s，因为仿真过程中无法修正炮弹的质量属性，所以实际情况下炮弹（弹壳）的速度应高于该值。

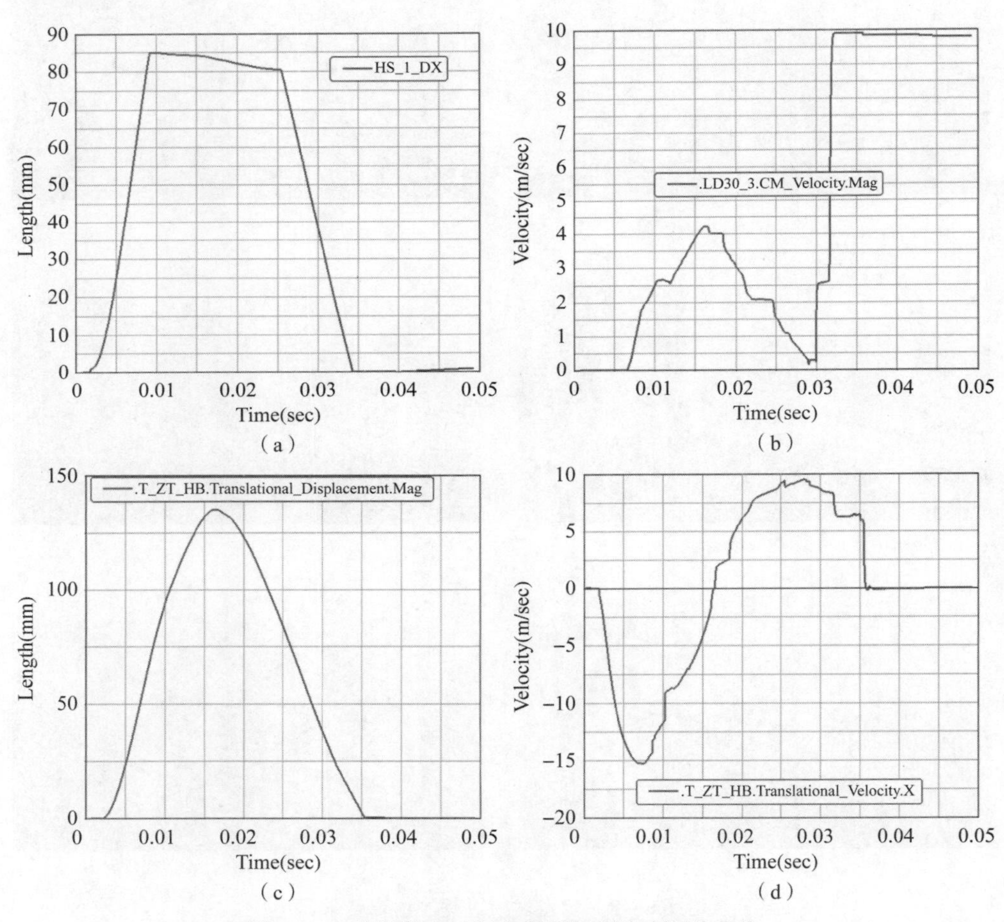

图 6 -9　单发射击过程中主要零部件的运动曲线

(a) 导气活塞的位移曲线；(b) 炮弹（弹壳）的速度曲线；

(c) 转膛滑板的位移曲线；(d) 转膛滑板的速度曲线

总之，基于当前的建模方法和仿真结果，我们可以认为所设计的导气式转膛自动机结构参数合理，能够完成预定的功能。

6.2.4　导气式转膛自动机的三连发通畅性仿真与分析

导气式转膛自动机的三连发通畅性分析旨在检验自动机和进弹机在连续射击循环过程中是否存在连发动态干涉、不能打连和射速不达标等故障。但三连发通畅性仿真难度较大，其原因在于：除了对三维模型的建模准确性有较高要求外，还要精准控制仿真过程中导气活塞上载荷的加载时机。对于精准控制仿真过程中导气活塞上载荷的加载时机，作者的解决办法是：①建立转膛滑板位移测量函数与位移传感器，其目的在于判断滑板是否复进到位，进而决定是否施加下一发的击发载荷；②建立三对触发时机不同的导气活塞单向力模型，其目的是基于滑板和导气活塞的当前位置和时机，施加相应的导气活塞载荷，以上建模过程对应的宏命令如下：

```
!------------------------------------------>>>> 建立转膛滑板速度测量函数
measure create pt2pt  measure_name = .MODEL_1.ZT_HB_VX &
   create_measure_display = no &
   from_point = .MODEL_1.PX.ZT_HB_MAR_T  to_point = .MODEL_1.ZT_HB.MAR_T &
   characteristic = "translational_velocity"component =  "x_component"
!------------------------------------------>>>> 建立转膛滑板位移测量函数
measure create pt2pt  measure_name = .MODEL_1.ZT_HB_DX &
   create_measure_display = yes &
   from_point = .MODEL_1.PX.ZT_HB_MAR_T  to_point = .MODEL_1.ZT_HB.MAR_T &
   characteristic = "translational_displacement"  component =  "x_component"
!------------------------------------------>>>> 建立转膛滑板的位移传感器
executive_control create sensor   sensor_name = .MODEL_1.SENSOR_HB_X   adams_id = 4 &
   function = "ZT_HB_DX"  evaluate = "time"  bisection = off  time_error = 1.0E-06  &
   compare = "eq"  value = 0.0  error = 0.01   return = "on" &
   halt = "off"  print = off  restart = off  codgen = off  yydump = off  comments = ""
!------------------------------------------>>>> 建立活塞1第二次发射的单向力模型
force create direct single_component_force &
      single_component_force_name = .MODEL_1.Dq_FORCE_left_2 &
      type_of_freedom = translational &
      action_only = on adams_id = 5 &
      i_marker_name = .MODEL_1.HS1.MAR_T   j_marker_name = .MODEL_1.PX.MAR_T_HS1  &
      function = "IF( time - SENVAL(SENSOR_HB_X) -1.50E-3: 0.0, 0.0,
                            AKISPL( time - SENVAL(SENSOR_HB_X) -1.50E-3, 0, DQ_F, 0) )"
!------------------------------------------>>>> 建立活塞2第二次发射的单向力模型
force create direct single_component_force &
      single_component_force_name = .MODEL_1.Dq_FORCE_right_2 &
```

```
        type_of_freedom = translational &
        action_only = on adams_id = 6 &
        i_marker_name = .MODEL_1.HS2.MAR_T   j_marker_name = .MODEL_1.PX.MAR_T_HS2  &
        function = "IF( time - SENVAL(SENSOR_HB_X) -1.50E -3: 0.0, 0.0,
                             AKISPL( time - SENVAL(SENSOR_HB_X) -1.50E -3, 0, DQ_F, 0) )"
! ---------------------------------------->>>> 建立活塞1第三次发射的单向力模型
force create direct single_component_force &
        single_component_force_name = .MODEL_1.Dq_FORCE_left_3 &
        type_of_freedom = translational &
        action_only = on adams_id = 7 &
        i_marker_name = .MODEL_1.HS1.MAR_T   j_marker_name = .MODEL_1.PX.MAR_T_HS1  &
        function = "IF( time - SENVAL(SENSOR_HB_X) -1.50E -3: 0.0, 0.0,
                             AKISPL( time - SENVAL(SENSOR_HB_X) -1.50E -3, 0, DQ_F, 0) )"
! ---------------------------------------->>>> 建立活塞2第三次发射的单向力模型
force create direct single_component_force &
        single_component_force_name = .MODEL_1.Dq_FORCE_right_3 &
        type_of_freedom = translational &
        action_only = on adams_id = 8 &
        i_marker_name = .MODEL_1.HS2.MAR_T   j_marker_name = .MODEL_1.PX.MAR_T_HS2  &
        function = "IF( time - SENVAL(SENSOR_HB_X) -1.50E -3: 0.0, 0.0,
                             AKISPL( time - SENVAL(SENSOR_HB_X) -1.50E -3, 0, DQ_F, 0) )"
```

与上一节的操作过程类似，三连发仿真需要在 Adams/View 的 simulation 工具条下建立如下仿真过程控制脚本，该脚本的控制逻辑为：①在仿真开始前，将滑板位移传感器和第二发、第三发的载荷失效处理；②设置活塞运动到极限位置前（触发活塞位移传感器之前）的仿真时间为 0.05 s，活塞位移传感器触发后，将第一发的导气活塞单向力以及传感器自身失效处理，然后再设置转膛滑板的无动力运动仿真时间为 0.05 s，并等待滑板复进到前位；③第一发的仿真完成后，重置滑板位移传感器并激活第二发的导气活塞单向力，然后进行第二发的仿真；④第二发的仿真完成后，将第二发的导气活塞单向力失效处理，重置滑板位移传感器并激活第三发的导气活塞单向力，然后进行第三发的仿真。

```
! ---------------------------------------->>>> 仿真开始前,将滑板位移传感器
! ---------------------------------------->>>> 和第二发、第三发发射载荷失效处理
DEACTIVATE/SENSOR, ID = 4
DEACTIVATE/SFORCE, ID = 5
DEACTIVATE/SFORCE, ID = 6
DEACTIVATE/SFORCE, ID = 7
DEACTIVATE/SFORCE, ID = 8
! ---------------------------------------->>>> 导气活塞位移传感器激活后,
```

```
! ---------------------------------------->>>>将活塞载荷失效处理,完成第一发射击循环
SIMULATE/DYNAMIC, END=0.050, STEPS=5000
DEACTIVATE/SENSOR, ID=1
DEACTIVATE/SFORCE, ID=3
DEACTIVATE/SFORCE, ID=4
  ACTIVATE/SENSOR, ID=4
SIMULATE/DYNAMIC, END=0.050, STEPS=5000
! ---------------------------------------->>>>完成第一发循环后,重置活塞和滑板传感器,
! ---------------------------------------->>>> 并激活第二发发射载荷
DEACTIVATE/SENSOR, ID=4
  ACTIVATE/SENSOR, ID=1
  ACTIVATE/SFORCE, ID=5
  ACTIVATE/SFORCE, ID=6
! ---------------------------------------->>>> 进行第二发射击循环
SIMULATE/DYNAMIC, END=0.10, STEPS=10000
DEACTIVATE/SENSOR, ID=1
DEACTIVATE/SFORCE, ID=5
DEACTIVATE/SFORCE, ID=6
  ACTIVATE/SENSOR, ID=4
SIMULATE/DYNAMIC, END=0.10, STEPS=10000
! ---------------------------------------->>>>完成第二发循环后,重置活塞和滑板传感器,
! ---------------------------------------->>>> 并激活第三发发射载荷
DEACTIVATE/SENSOR, ID=4
  ACTIVATE/SENSOR, ID=1
  ACTIVATE/SFORCE, ID=7
  ACTIVATE/SFORCE, ID=8
! ---------------------------------------->>>> 进行第三发射击循环
SIMULATE/DYNAMIC, END=0.15, STEPS=15000
DEACTIVATE/SENSOR, ID=1
DEACTIVATE/SFORCE, ID=7
DEACTIVATE/SFORCE, ID=8
  ACTIVATE/SENSOR, ID=4
SIMULATE/DYNAMIC, END=0.15, STEPS=15000
```

自动机三连发发射过程的仿真结果如图 6 - 10 ~ 图 6 - 13 所示。在发射之前，转膛滑板和导气活塞均处于前位，3 发炮弹处于转膛体弹膛之中，1 发炮弹位于进弹机左侧的拨弹轮卡槽之中；第一次击发后进弹机中的炮弹被加速进膛，最大进膛速度为 17.1 m/s；第三次击发后，根据滑板复进到位时间可以估算自动机的射速为 3 × 60 s/0.106 263 ms = 1 ××× 发/分，高于理论射速的要求。从图 6 - 11 可以看出，滑板的运动过程比较平稳，三次射击过程中滑板后坐和复进速度基本趋于一致，这说明该自动机的导气孔参数、滑筒簧参数与附属质量配置合理，能使自动机在一个射击循环内及时复位。

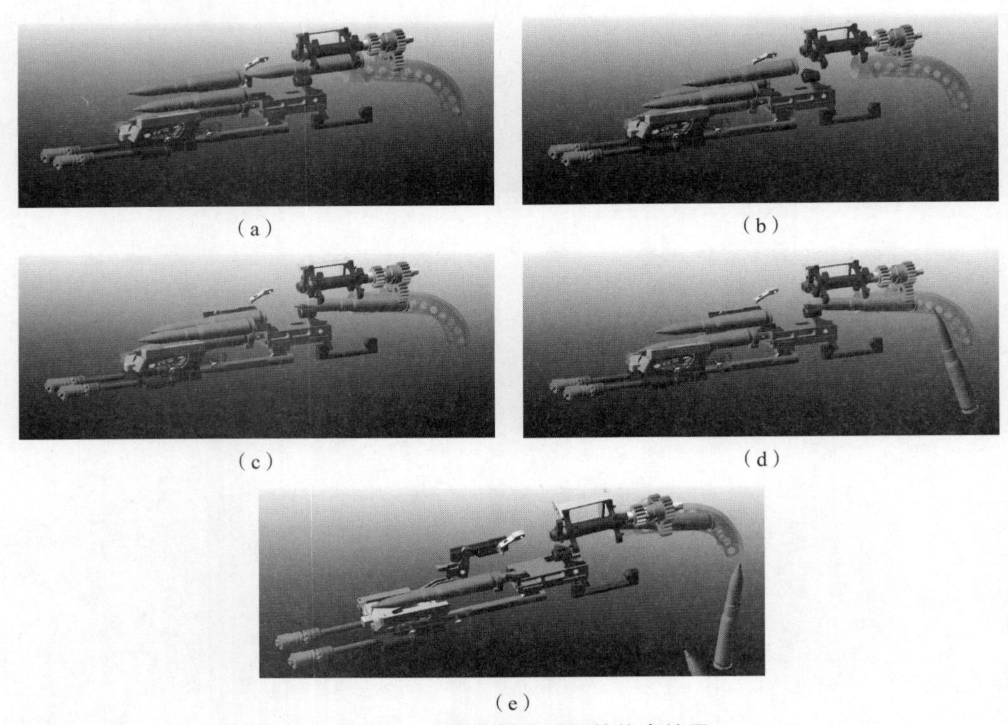

（a） （b）

（c） （d）

（e）

图 6-10 三连发射击过程的仿真结果

（a）发射之前（$t=0.0$ ms）；（b）第一发发射后滑板复进到位（$t=35.8$ ms）；
（c）第二发发射后滑板复进到位（$t=71.2$ ms）；（d）第三发发射后滑板复进到位（$t=100.6$ ms）；
（e）停射后第三发炮弹进入抛壳导引（$t=149.0$ ms）

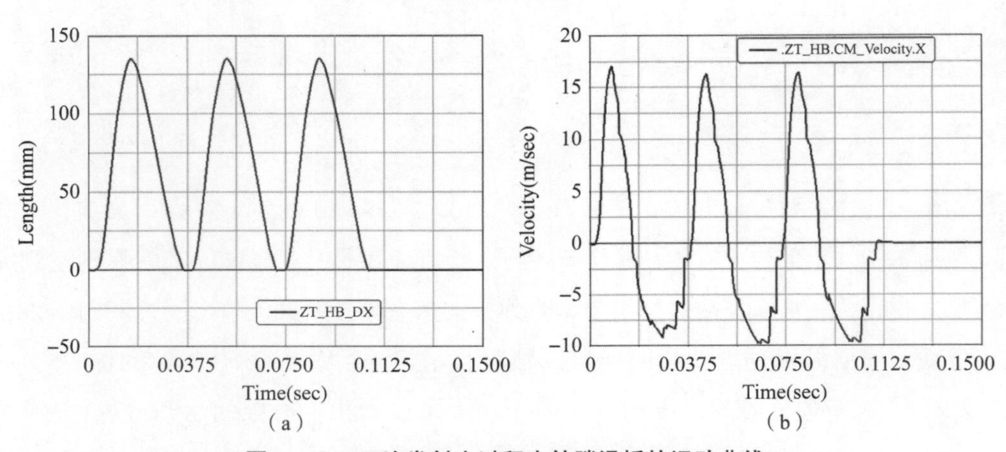

（a） （b）

图 6-11 三连发射击过程中转膛滑板的运动曲线

（a）转膛滑板的位移曲线；（b）转膛滑板的速度曲线

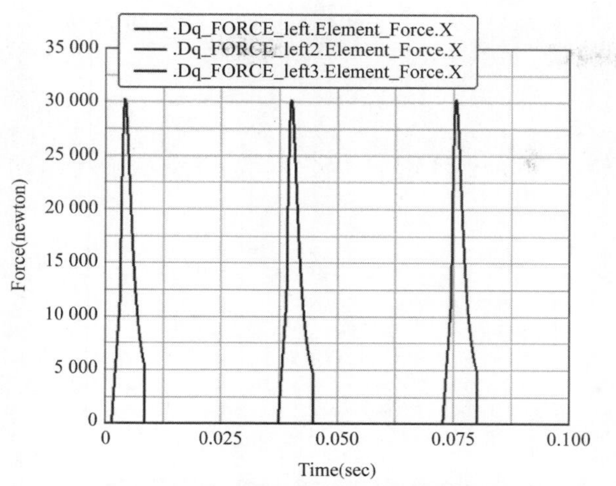

图6-12 三连发射击过程中导气活塞的载荷

图6-12显示，三连发过程中导气活塞的载荷曲线均能被正常加载，这说明编写仿真过程控制脚本是正确的。从图6-13可以看出，三发炮弹被抛出后的最大速度依次为19.2 m/s、22.0 m/s和22.06 m/s；炮弹的运动速度有所增加，这是抛出过程中后一发炮弹尾部撞击前一发炮弹头部所致，而实际射击情况下不会存在该现象；被从弹膛抛出后，所有炮弹都会和抛壳导引相撞，其速度值将会有所下降；从图6-13（b）可以看出，被抛出炮弹的速度较高，这也和实际情况不符，其原因是多体刚体动力学分析不能考虑射击后弹壳的贴膛特性。

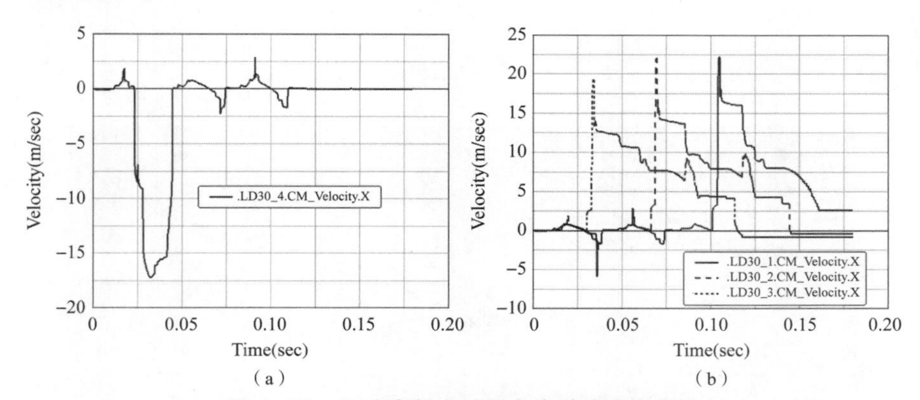

图6-13 三连发射击过程中炮弹的速度曲线

（a）被输入炮膛的炮弹；（b）被抛出弹膛的三发炮弹

总之，虽然三连发建模过程与仿真结果比较理想化，但可以确定所设计的导气式转膛自动机结构参数合理，连发射击通畅性符合预期。

第7章 外能源转管自动机动力学模型快速建模技术

转管自动机零部件数量少、工作可靠，且射速较高，目前已广泛应用于机载航炮和舰艇近程防御系统之中。因自身重量和载具机动性能限制，转管自动机的身管数量一般在3~7管之间，口径一般在20~30 mm之间。现代四转管自动机的理论射速约为3 200发/分，这一射速介于目前已装备的双管联动自动机和六转管自动机之间；采用外能源驱动和无链供弹之后，四转管自动机射速可调、弹种可选，比较适合与当前“反低速无人机”系统相集成。

但目前只有美国成功设计并装备过四转管自动机，比如图7－1所示的美制GAU－13/A型四转管自动机，该自动机的口径为30 mm，最高射频为2 400发/分。图7－2为使用该自动机的GPU－5/A型航炮吊舱，该吊舱采用无链供弹原理，装弹量353发，主要用于空对地和反坦克攻击，曾挂装在F－15和F－16等战斗机的腹部。

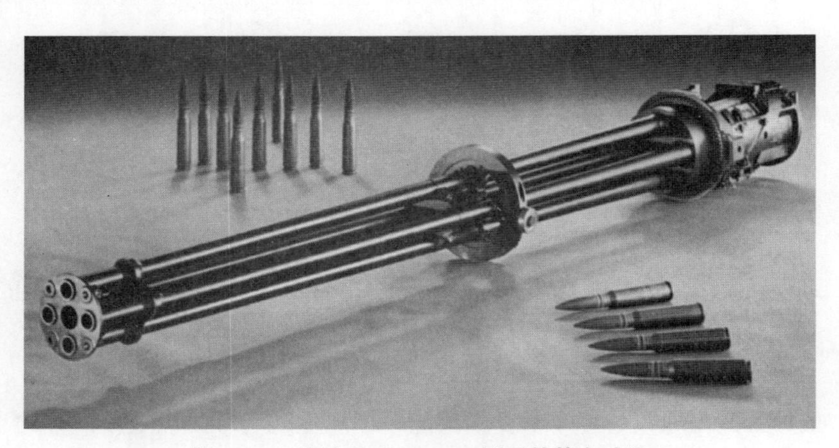

图7－1　美制GAU－13/A型四转管自动机

图 7－2　美制 GPU－5/A 型航炮吊舱

基于超视距作战原理的第四代隐身战斗机一般没有必要装备机炮。但美制F－35/A 型战斗机装备了 GAU－22/A 型航炮，该航炮位于飞机左侧的进气道之上、机体蒙皮之下，射击时机体上的炮口盖需要打开。如图 7－3 所示，GAU－22/A 型航炮为四转管 25 mm 航炮，该航炮采用无链供弹原理，备弹量为 180 发，理论射速约为 3 300 发/分，发射后弹壳可以回收。

图 7－3　美制 F－35/A 型战斗机所使用的 GAU－22/A 型四转管航炮

某单位参考美制 M61A1 型六转管 20 mm 航炮自动机结构原理，设计了一款四管 25 mm转管自动炮，并将其与轮式轻型高机动底盘结合，期望研制出一款性能优异的野战防空装备。但当前转管自动机动力学建模过程中普遍存在着建模效率低下、连发仿真模型无法建立等问题，使得所建立的动力学模型不能高效地驱动原理样机设计过程，从而影响自动炮的设计进度。

本章主要针对以上建模过程中出现的问题，构思了宏代码结合循环语句的动力学模型建模方法。将此快速建模方法与 Adams 传感器和仿真控制脚本相结合，作者建立了转管自动机的三连发发射动力学模型。该轻型高机动防空装备内部空间狭小，无法容纳发射后的弹壳，所以作者建立了该自动炮的前向抛壳装置并对其三个特殊工况加以建模和分析。

7.1 外能源转管自动机的结构原理与动力学仿真目标

7.1.1 外能源转管自动机的结构原理

当前设计的四管 25 mm 转管自动机如图 7－4 所示，它主要由身管组、炮闩、炮箍、炮尾、前后滚道、炮箱、进出口拨弹轮和缓冲器等零部件组成。该自动机通过外能源（电机）驱动，工作时身管组顺时针旋转（从炮尾向炮口方向看）。射击指令下达后，电机动力经减速器调整后，通过传动齿轮驱动炮尾齿轮转动，从而带动自动机及供弹系统同步转动。

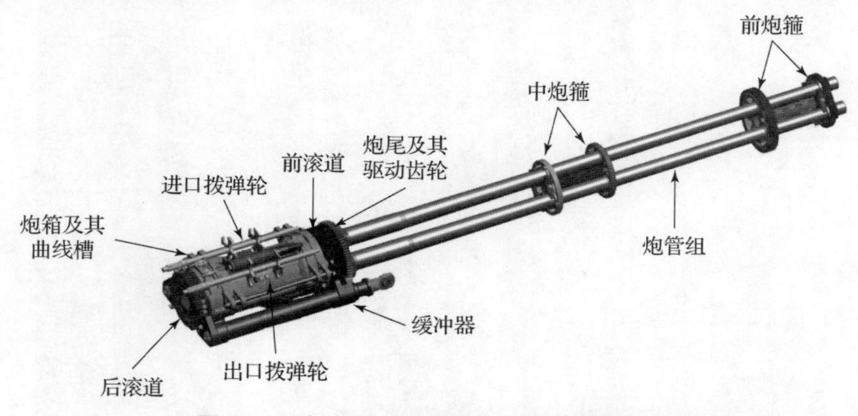

图 7－4 当前设计的四管 25 mm 转管自动机

自动机外部的进口拨弹轮将供弹系统输送来的炮弹压入炮闩的抓钩之中，炮闩在炮箱凸轮槽的驱动下，边旋转边沿着星形体上的导轨向前运动，将炮弹推入炮膛。炮闩完成闭锁、通电后，发射药被点火击发；待身管内的膛压降到一定数值后，炮闩开锁并抽出弹壳，在导向块及出口拨弹轮的配合下，将弹壳抛出炮箱；若不具备弹壳回收的条件，则可以用前抛壳装置将弹壳向前抛出炮塔。连续射击时，自动机内部的 4 套炮闩依次完成输弹、闭锁、击发、抽壳等一系列动作，且理论射速不低于 3 ××× 发/分。

炮闩作为整个自动机的核心，其结构如图 7－5 所示，它主要由炮闩本体、侧面滚轮、闭锁块、驱动滚轮、击针和击针推杆等零部件组成。炮闩通过侧面滚轮在星形体滑道内前后滑动，并通过驱动滚轮在炮箱曲线槽内循环转动。射击前，炮箱上的闭锁块下压驱动滚轮，使得闭锁块压入星形体闭锁支撑面之中；射击时，炮箱上的凸块撞击击针推杆，使击针向前突出并撞击药筒底火，实现火炮的单次击发；击发后，炮膛合力通过炮闩镜面向闭锁块传递，并最终使整个自动机后坐；在自动机左、右缓冲簧簧力的作用下，自动机向前复进，至此自动机完成单发射击循环。

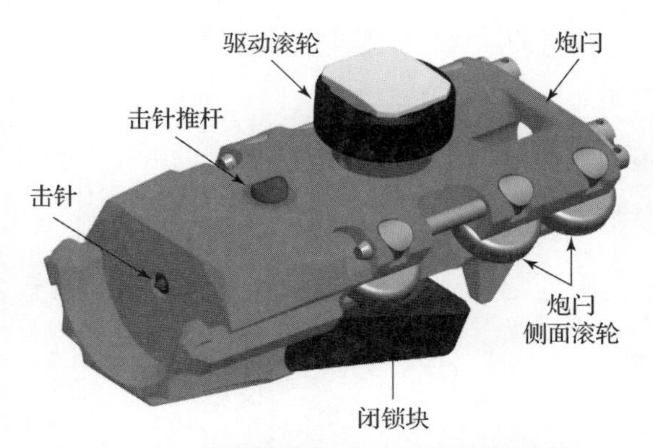

图 7－5　当前四转管自动机所采用的炮闩组件

7.1.2　外能源转管自动机动力学仿真的目标

对外能源转管自动机进行 Adams 仿真的目标有以下三个：

（1）通过建模与仿真加深对转管自动机的认识；

（2）分析三连发射击时转管自动机的通畅性；

（3）分析转管自动机前抛壳装置在多个极端工况下的抛壳（弹）可行性。

7.2 外能源转管自动机的动力学快速建模过程与结果分析

7.2.1 外能源转管自动机动力学建模的关键点

虽然外能源转管自动机自身的零部件种类较少，但它有四个内部结构比较复杂的炮闩组件，这导致零部件之间的接触关系十分复杂，作者采用的做法是：①使用条件与循环语句结合功能性宏命令的方法，快速地过滤和修正零件外层 Part 名称和内层 Solid 名称；②采用 IF 查询语句结合双循环嵌套的方法，建立零部件之间的接触关系；③综合利用炮膛合力载荷曲线、击针位移传感器和仿真过程控制脚本等工具来建立转管自动机三连发的发射动力学模型。

7.2.2 外能源转管自动机三连发动力学模型的快速建立过程

建立外能源四转管自动机的动力学模型时，需提前准备一份至少含有 3 发炮弹的三维模型，详细的建模过程如下：

（1）使用 1.2.2 节中宏命令搜索和导入三维模型的同时，使用以下宏命令设置单位制、修正背景色和关闭栅格。

```
!--------------------------------------------------------------->>> 设置单位制
default units length = mm mass = kg force = newton time = Second angle = degrees frequency = hz
!--------------------------------------------------------------->>> 修正背景色
colors modify color_name = .colors.Background  &
red_component  = 1.0 blue_component  = 1.0 green_component  = 1.0 gradient  = "none"
defaults attributes icon_visibility = "off"
view man mod render = shaded
!--------------------------------------------------------------->>> 关闭栅格
int grid und grid = .gui.grid view = ( db_default( .system_defaults, "view" ))
```

（2）使用 1.4 节中 Python 代码清理模型，同时将那些不动的、不和其他零部件接触的零件删除。

（3）使用宏命令修正炮弹、进出口拨弹轮、导引条、传动齿轮、传动齿轮轴、通电器外壳、导电块等单个实体的内外层名称。修正实体内外层名称的目的是对实体内外层编号按顺序重新编排，以便于后期使用宏命令实现建模自动化。以下是修正所有炮弹的材料模型、外观和内层 Solid 名称的宏命令。

```
! ---------------------------------------->>>> 修正首发炮弹的名称
entity modify entity = .MODEL_1.PD25 new = .MODEL_1.PD25_1
! ---------------------------------------->>>> 修正炮弹颜色、材料模型和内层 Solid 序号
variable create variable_name = ip integer_value = 1
while condition =(ip <= 10 )
    variable create variable_name = ipp integer_value = 1
    while condition =(ipp <= 1000 )
        if condition =  (eval(DB_EXISTS( ".MODEL_1.PD25_"//ip//".SOLID" //ipp)))
            ! ---------------------------->>>> 修正显示特性
            entity attributes  entity_name  = (eval( ".MODEL_1.PD25_"//ip//".SOLID"
//ipp))  &
            type_filter  = Solid visibility  = no_opinion  name_visibility = no_o-
pinion &
            color    = .colors.GREEN  entity_scope  = all_color  transparency  = 0
            ! ---------------------------->>>> 修正密度
            part modify rigid mass_properties  part_name = (eval( ".MODEL_1.PD25_"//ip))  &
                                      material_type =  .materials.aluminum
            ! ---------------------------->>>> 修正内层 Solid 编号
            entity modify entity = (eval(".MODEL_1.PD25_"//ip//".SOLID" //ipp))  &
                                        new = (eval( ".MODEL_1.PD25_"//ip//".
SOLID1" ))
            variable set variable_name = ipp integer =(eval(ipp +1))
        else
            variable set variable_name = ipp integer =(eval(ipp +1))
            continue
        end
    end
    variable delete variable_name = ipp
    variable set variable_name = ip integer =(eval(ip +1))
end
variable delete variable_name = ip
```

（4）首先使用以下宏命令将那些与炮箱固连的零部件融合（merge）运算，然后修正炮箱综合体的内层 Solid 名称，并建立炮箱与大地之间的平动副，最后修正炮箱综合体的显示属性。身管与星形体的结合过程及星形体旋转副的建立过程与此类似，这里不再赘述。

```
! ---------------------------------------->>>> 将下列与炮箱固连的部分零部件 merge 处理
! ------------------------------------- >>>> 炮箱上开口处的镶块
part merge rigid_body part_name = Gun_425_02_20   into_part =.MODEL_1.Gun_425_02_21
part merge rigid_body part_name = Gun_425_02_7    into_part =.MODEL_1.Gun_425_02_21
! ------------------------------------- >>>> 通电块、闭锁块、开锁块等零部件
part merge rigid_body part_name = Gun_425_02_12_0501G   into_part =.MODEL_1.Gun_425_02_21
part merge rigid_body part_name = Gun_425_02_13_0501G   into_part =.MODEL_1.Gun_425_02_21
```

```
part merge rigid_body part_name = Gun_425_02_3    into_part = .MODEL_1.Gun_425_02_21
part merge rigid_body part_name = Gun_425_02_4    into_part = .MODEL_1.Gun_425_02_21
part merge rigid_body part_name = Gun_425_02_5    into_part = .MODEL_1.Gun_425_02_21
part merge rigid_body part_name = Gun_425_02_23   into_part = .MODEL_1.Gun_425_02_21
part merge rigid_body part_name = Gun_425_02_24   into_part = .MODEL_1.Gun_425_02_21
part merge rigid_body part_name = Gun_425_02_10   into_part = .MODEL_1.Gun_425_02_21
! ----------------------------------------- >>>> 星形体前、后滚道
part merge rigid_body part_name = Gun_425_02_1    into_part = .MODEL_1.Gun_425_02_21
part merge rigid_body part_name = Gun_425_02_2    into_part = .MODEL_1.Gun_425_02_21
! ----------------------------------------- >>>> 缓冲器外壳
part merge rigid_body part_name = Gun_425_05_1_0501  into_part = .MODEL_1.Gun_425_02_21
part merge rigid_body part_name = Gun_425_06_1_F3    into_part = .MODEL_1.Gun_425_02_21
! ----------------------------------------->>>> 修正炮箱 Part 内层 Solid 序号
entity modify entity = .MODEL_1.Gun_425_02_21  new = .MODEL_1.TEST_CAM_AUX
variable create variable_name = ip integer_value = 1
variable create variable_name = ipp integer_value = 1  !
while condition = (ipp <= 1000 )
    if condition = (eval(DB_EXISTS(".MODEL_1.TEST_CAM_AUX.SOLID" // ipp)))
            if condition = ( ipp == ip )
                variable set variable_name = ip integer = (eval(ip + 1))
            else
                entity modify entity = (eval(".MODEL_1.TEST_CAM_AUX.SOLID" // ipp))  &
                           new = (eval(".MODEL_1.TEST_CAM_AUX.SOLID" // ip))
                variable set variable_name = ip integer = (eval(ip + 1))
            end
        variable set variable_name = ipp integer = (eval(ipp + 1))
    else
        variable set variable_name = ipp integer = (eval(ipp + 1))
        continue
    end
end
variable delete variable_name = ipp
variable delete variable_name = ip
! ------------------------------------------>>>> 建立炮箱的平动副
marker create marker = .MODEL_1.TEST_CAM_AUX.MAR_T &
   location = TEST_CAM_AUX.cm    orientation = 0.0, 0.0, 0.0
marker create marker = .MODEL_1.ground.MAR_TEST_CAM_AUX_T &
   location = TEST_CAM_AUX.cm    orientation = 0.0, 0.0, 0.0
constraint create joint Translational    joint_name = .MODEL_1.TEST_CAM_AUX_Trans &
   i_marker_name = .MODEL_1.TEST_CAM_AUX.MAR_T &
   j_marker_name = .MODEL_1.ground.MAR_TEST_CAM_AUX_T
! ------------------------------------------>>>> 修正炮箱的显示属性
entity attributes  entity_name    = TEST_CAM_AUX &
    type_filter      = Part &
    visibility       = no_opinion &
    name_visibility  = no_opinion &
    color             = .colors.WHITE &
    entity_scope     = all_color &
    transparency     = 80
```

（5）使用以下宏命令修正自动机缓冲器限位轴的外层 Part 和内层 Solid 名称，并建立缓冲器限位轴与大地之间的固定副，最后建立缓冲器中环簧的弹簧模型。

```
! --------------------------------------->>>> 修正炮闩缓冲器限位轴的外层 Part 名称
entity modify entity = .MODEL_1.Gun_425_05_3    new = .MODEL_1.TEST_PX_HCQ_XWZ_1
entity modify entity = .MODEL_1.Gun_425_05_3_2    new = .MODEL_1.TEST_PX_HCQ_XWZ_2
! --------------------------------------->>>> IF 条件语句结合三层 FOR 循环,
! --------------------------------------->>>> 修正限位轴内层 Solid 序号
variable create variable_name = ip_bolt integer_value = 1
while condition = (ip_bolt <= 2 )
    variable create variable_name = ip   integer_value = 1
    variable create variable_name = ipp  integer_value = 1  !
    while condition = (ipp <= 500 )
        if condition =  (eval(DB_EXISTS( "TEST_PX_HCQ_XWZ_"//ip_bolt//".SOLID" //ipp)))
            part modify rigid mass_properties  &
            part_name = (eval( "TEST_PX_HCQ_XWZ_"//ip_bolt)) &
            material_type = .materials.stainles
            if condition = ( ipp == ip )
                variable set variable_name = ip integer = (eval(ip +1))
            else
                entity modify entity = (eval( "TEST_PX_HCQ_XWZ_"//ip_bolt//".SOLID"
//ipp)) &
                    new = (eval("TEST_PX_HCQ_XWZ_"//ip_bolt//".SOLID" //ip))
                variable set variable_name = ip integer = (eval(ip +1))
            end
            variable set variable_name = ipp integer = (eval(ipp +1))
        else
            variable set variable_name = ipp integer = (eval(ipp +1))
            continue
        end
    end
    variable delete variable_name = ipp
    variable delete variable_name = ip
variable set variable_name = ip_bolt integer = (eval(ip_bolt +1))
end
variable delete variable_name = ip_bolt
! --------------------------------------->>>> 建立缓冲器限位轴固定约束
variable create variable_name = ip integer_value = 1
while condition = (ip <= 2 )
    marker create marker = (eval("TEST_PX_HCQ_XWZ_"//ip//".MAR_CM")) &
       location =  (eval("TEST_PX_HCQ_XWZ_"//ip//".cm"))  orientation = 0.0, 0.0, 0.0
    marker create marker = (eval("ground.MAR_Fixed_TEST_PX_HCQ_XWZ_"//ip)) &
       location =  (eval("TEST_PX_HCQ_XWZ_"//ip//".cm"))  orientation = 0.0, 0.0, 0.0
    constraint create joint Fixed   joint_name = (eval("TEST_PX_HCQ_XWZ_"//ip//"_
Fixed")) &
       i_marker_name = (eval("TEST_PX_HCQ_XWZ_"//ip//".MAR_CM"))  &
       j_marker_name = (eval("ground.MAR_Fixed_TEST_PX_HCQ_XWZ_"//ip))
    variable set variable_name = ip integer = (eval(ip +1))
end
variable delete variable_name = ip
```

```
! --------------------------------------->>>> 建立自动机缓冲器1的弹簧模型
marker create marker =.MODEL_1.TEST_CAM_AUX.M_spr_1  &
  location = -106.3719193474, -43.7037157956, 0.0    orientation =0.0, 180.0, 0.0
marker create marker =.MODEL_1.TEST_PX_HCQ_XWZ_1.M_spr &
  location = -106.3719193474, -43.7037157956, 249.0    orientation =0.0, 180.0, 0.0
Force create element_like translational_spring_damper &
   spring_damper_name = spring_PX_HCQ_XWZ_1  &
   i_marker_name = .MODEL_1.TEST_CAM_AUX.M_spr_1  &
   j_marker_name = .MODEL_1.TEST_PX_HCQ_XWZ_1.M_spr  &
   stiffness = 225.0 &
   damping = 2.25 &
   preload = 6500 &
   displacement_at_preload = (eval(DM(TEST_CAM_AUX.M_spr_1, TEST_PX_HCQ_XWZ_1.M_spr )))
! --------------------------------------->>>> 建立自动机缓冲器2的弹簧模型
marker create marker =.MODEL_1.TEST_CAM_AUX.M_spr_2 &
  location = 106.3719193474, -43.7037157956, 0.0 orientation =0.0, 180.0, 0.0
marker create marker =.MODEL_1.TEST_PX_HCQ_XWZ_2.M_spr &
  location = 106.3719193474, -43.7037157956, 249.0 orientation =0.0, 180.0, 0.0
Force create element_like translational_spring_damper &
  spring_damper_name = spring_PX_HCQ_XWZ_2 &
  i_marker_name = .MODEL_1.TEST_CAM_AUX.M_spr_2 &
  j_marker_name = .MODEL_1.TEST_PX_HCQ_XWZ_2.M_spr &
  stiffness = 225.0 &
  damping   = 2.25 &
  preload   = 6500 &
  displacement_at_preload = (eval(DM(TEST_CAM_AUX.M_spr_2, TEST_PX_HCQ_XWZ_2.M_spr )))
```

（6）首先使用以下宏命令修正首个炮闩组件中零部件的名称，然后将这些零部件与炮闩本体融合（merge）运算，最后修正炮闩组件的内层 Solid 名称。炮闩组件中的其他活动组件的修正过程与此类似，这里不再赘述。

```
! --------------------------------------->>>> 首个炮闩组件内部零部件Part名称修正
entity modify entity = Gun_425_04_1PS_F2  new = Gun_425_04_1PS_F2_1  ! ---炮闩本体
entity modify entity = Gun_425_04_9_17MM new = Gun_425_04_9_17MM_1  ! ---侧面滚轮
entity modify entity = Gun_425_04_2       new = Gun_425_04_2_1       ! ---闭锁块
entity modify entity = Gun_425_04_18      new = Gun_425_04_18_1      ! ---滚轮销柱
entity modify entity = Gun_425_04_19      new = Gun_425_04_19_1      ! ---滚轮
entity modify entity = Gun_425_04_20      new = Gun_425_04_20_1      ! ---闭锁面
entity modify entity = Gun_425_04_3       new = Gun_425_04_3_1       ! ---闭锁块接触销
entity modify entity = Gun_425_04_4       new = Gun_425_04_4_1       ! ---绝缘套
entity modify entity = Gun_425_04_5       new = Gun_425_04_5_1       ! ---绝缘环
entity modify entity = Gun_425_04_22      new = Gun_425_04_22_1      ! ---前触头
entity modify entity = Gun_425_04_23      new = Gun_425_04_23_1      ! ---后触头
! --------------------------------------->>>> 将组件内部的零部件与炮闩本体融合
variable create variable_name = ip integer_value = 1 !
while condition =(ip <= 4 )
    if condition =  (eval(DB_EXISTS( "Gun_425_04_1PS_F2_"//ip)))
    ! -------------------------------->>>> 滚轮销柱与炮闩本体融合
```

```
    part modify rigid mass_properties part_name = (eval( "Gun_425_04_18_"// ip)) density =
7.82E-06
    part modify rigid mass_properties part_name = (eval( "Gun_425_04_19_"// ip)) density =
7.82E-06
    part modify rigid mass_properties part_name = (eval( "Gun_425_04_20_"// ip)) density =
7.82E-06
    part merge rigid_body part_name = (eval( "Gun_425_04_18_"//ip)) &
                          into_part = (eval( "Gun_425_04_3_"//ip))
    part merge rigid_body part_name = (eval( "Gun_425_04_19_"//ip)) &
                          into_part = (eval( "Gun_425_04_3_"//ip))
    part merge rigid_body part_name = (eval( "Gun_425_04_20_"//ip)) &
                          into_part = (eval( "Gun_425_04_3_"//ip))
    entity modify entity = (eval( "Gun_425_04_3_"//ip )) new = (eval( "TEST_GL_"//ip ))
    entity modify entity = (eval( "Gun_425_04_2_"//ip )) new = (eval( "TEST_BSK_"//ip ))
    ! --------------------------------->>>> 侧面滚轮与炮闩本体融合
    part modify rigid mass_properties part_name = (eval( "Gun_425_04_9_17MM_"//6*(ip-
1)+1 )) &
                                   density = 7.82E-06
    part modify rigid mass_properties part_name = (eval( "Gun_425_04_9_17MM_"//6*(ip-
1)+2 )) &
                                   density = 7.82E-06
    part modify rigid mass_properties part_name = (eval( "Gun_425_04_9_17MM_"//6*(ip-
1)+3 )) &
                                   density = 7.82E-06
    part modify rigid mass_properties part_name = (eval( "Gun_425_04_9_17MM_"//6*(ip-
1)+4 )) &
                                   density = 7.82E-06
    part modify rigid mass_properties part_name = (eval( "Gun_425_04_9_17MM_"//6*(ip-
1)+5 )) &
                                   density = 7.82E-06
part modify rigid mass_properties part_name = (eval( "Gun_425_04_9_17MM_"//6*(ip-1)+6 )) &
                                   density = 7.82E-06
    part modify rigid mass_properties part_name = (eval( "Gun_425_04_1PS_F2_"// ip))
density = 7.82E-06
    part modify rigid mass_properties part_name = (eval( "Gun_425_04_4_"// ip))    den-
sity = 7.82E-06
    part modify rigid mass_properties part_name = (eval( "Gun_425_04_5_"// ip))    den-
sity = 7.82E-06
    part merge rigid_body part_name = (eval( "Gun_425_04_9_17MM_"//6*(ip-1)+1 )) &
                          into_part = (eval( "Gun_425_04_1PS_F2_"// ip))
    part merge rigid_body part_name = (eval( "Gun_425_04_9_17MM_"//6*(ip-1)+2 )) &
                          into_part = (eval( "Gun_425_04_1PS_F2_"// ip))
    part merge rigid_body part_name = (eval( "Gun_425_04_9_17MM_"//6*(ip-1)+3 )) &
                          into_part = (eval( "Gun_425_04_1PS_F2_"// ip))
    part merge rigid_body part_name = (eval( "Gun_425_04_9_17MM_"//6*(ip-1)+4 )) &
                          into_part = (eval( "Gun_425_04_1PS_F2_"// ip))
    part merge rigid_body part_name = (eval( "Gun_425_04_9_17MM_"//6*(ip-1)+5 )) &
                          into_part = (eval( "Gun_425_04_1PS_F2_"// ip))
```

```
    part merge rigid_body part_name = (eval( "Gun_425_04_9_17MM_"//6 *(ip -1) +6 )) &
into_part = (eval( "Gun_425_04_1PS_F2_"//ip))
    ! ---------------------------------------------------->>>> 绝缘套、绝缘环与炮闩本体融合
    part merge rigid_body part_name = (eval( "Gun_425_04_4_"//ip)) &
into_part = (eval( "Gun_425_04_1PS_F2_"//ip))
    part merge rigid_body part_name = (eval( "Gun_425_04_5_"//ip)) &
into_part = (eval( "Gun_425_04_1PS_F2_"//ip))
    entity modify entity = (eval( "Gun_425_04_1PS_F2_"//ip )) new = (eval( "TEST_PS_"//ip ))
    part modify rigid mass_properties part_name = (eval( "Gun_425_04_22_"//ip)) density =
7.82E -06
    part modify rigid mass_properties part_name = (eval( "Gun_425_04_23_"//ip)) density =
7.82E -06
    ! ------------------------------------------------->>>> 前后触头与炮闩本体融合
    part merge rigid_body part_name = (eval( "Gun_425_04_22_"//ip)) &
                               into_part = (eval( "Gun_425_04_23_"//ip))
    entity modify entity = (eval( "Gun_425_04_23_"//ip )) new = (eval( "TEST_CT_"//ip ))
    variable set variable_name = ip integer =(eval(ip +1))
    else
        break
    end
end
variable delete variable_name = ip
! ----------------------------------------------------->>>> IF 条件语句结合 FOR 循环,
! ----------------------------------------------------->>>> 修正炮闩内层 Solid 序号
variable create variable_name = ip_bolt integer_value = 1
while condition =(ip_bolt <= 4 )
    variable create variable_name = ip integer_value = 1
    variable create variable_name = ipp integer_value = 1  !
        while condition =(ipp <= 1000 )
            if condition = (eval(DB_EXISTS( "TEST_PS_"//ip_bolt//".SOLID" //ipp)))
                    if condition =( ipp == ip )
                        variable set variable_name = ip integer =(eval(ip +1))
                    else
                        entity modify entity = (eval( "TEST_PS_"//ip_bolt//".SOLID"
//ipp)) &
                                    new = (eval("TEST_PS_"//ip_bolt//".SOLID"
//ip))
                        variable set variable_name = ip integer =(eval(ip +1))
                    end
                variable set variable_name = ipp integer =(eval(ipp +1))
            else
                    variable set variable_name = ipp integer =(eval(ipp +1))
                continue
            end
        end
    variable delete variable_name = ipp
    variable delete variable_name = ip

variable set variable_name = ip_bolt integer =(eval(ip_bolt +1))
end
variable delete variable_name = ip_bolt
```

（7）建立炮闩与星形体、炮闩驱动滚轮与凸轮槽、闭锁块与星形体、炮闩与闭锁块、炮闩与驱动滚轮滚轮柱、击针与炮闩内部击针推杆、炮弹与星形体、炮弹与拨弹轮、炮弹与炮闩本体等 Solid 之间的接触关系，以下是使用宏命令循环建立炮闩与星形体、炮闩与击针及击针推杆等 Solid 之间接触关系的实例。

```
! ----------------------------------->>>> 建立炮闩本体与星形体之间的接触关系
variable create variable_name = ipp integer_value = 1
while condition =(ipp <= 4 )
    if condition = (eval(DB_EXISTS("TEST_PS_"//ipp )))
        contact create contact_name = (eval("CT_bolt_carrier"//ipp//"_star")) &
        i_geometry_name = (eval("TEST_PS_"//ipp//".SOLID1")),(eval("TEST_PS_"//
ipp//".SOLID2")),&
                    (eval("TEST_PS_"//ipp//".SOLID4")),(eval("TEST_PS_"//ipp//".
SOLID5")) , &
                    (eval("TEST_PS_"//ipp//".SOLID7")) &
        j_geometry_name = TEST_STAR_GEAR.SOLID1, TEST_STAR_GEAR.SOLID2, &
                    TEST_STAR_GEAR.SOLID3, TEST_STAR_GEAR.SOLID4, &
                    TEST_STAR_GEAR.SOLID5, TEST_STAR_GEAR.SOLID6  &
               stiffness = 1.0E+005 damping = 100.0 exponent = 2.2  dmax = 0.15  no_
friction = true
        variable set variable_name = ipp integer =(eval(ipp+1))
    else
        variable set variable_name = ipp integer =(eval(ipp+1))
        continue
    end
end
variable delete variable_name = ipp
! ----------------------------------->>>> 建立炮闩与击针、击针推杆等实体间的接触
variable create variable_name = ipp integer_value = 1
while condition =(ipp <= 4 )
    if condition = (eval(DB_EXISTS("TEST_PS_"//ipp )))
        ! --------------------------- >>>> 炮闩与击针之间的接触
        contact create contact_name = (eval("CT_TEST_PS_"//ipp//"_JZ")) &
        i_geometry_name = (eval("TEST_PS_"//ipp//".SOLID8")),(eval("TEST_PS_"//
ipp//".SOLID9")) &
        j_geometry_name = (eval("TEST_JZ_"//ipp//".SOLID1")) &
        stiffness = 1.0E+005 damping = 100.0 exponent = 2.2  dmax = 0.15  no_friction =
true
        ! --------------------------- >>>> 炮闩与衬套之间的接触
        contact create contact_name = (eval("CT_TEST_PS_"//ipp//"_CT"))  &
        i_geometry_name = (eval("TEST_PS_"//ipp//".SOLID8")) &
        j_geometry_name =(eval("TEST_CT_"//ipp//".SOLID1")),(eval("TEST_CT_"//
ipp//".SOLID2")) &
        stiffness = 1.0E+005 damping = 100.0 exponent = 2.2  dmax = 0.15  no_friction =
true
        ! --------------------------- >>>> 炮闩与导电杆之间的接触
```

```
        contact create contact_name = (eval("CT_TEST_PS_"//ipp//"_DDG"))  &
        i_geometry_name = (eval("TEST_PS_"//ipp//".SOLID8")),(eval("TEST_PS_"//
ipp//".SOLID9")) &
        j_geometry_name = (eval("TEST_DDG_"//ipp//".SOLID1")) &
        stiffness = 1.0E+005 damping = 100.0 exponent = 2.2  dmax = 0.15  no_friction =
true
        !---------------------------------------- >>>> 导电杆与击针之间的接触
        contact create contact_name = (eval("CT_TEST_DDG_"//ipp//"_JZ"))  &
        i_geometry_name = (eval("TEST_DDG_"//ipp//".SOLID1")) &
        j_geometry_name = (eval("TEST_JZ_"//ipp//".SOLID1")) &
        stiffness = 1.0E+005 damping = 100.0 exponent = 2.2  dmax = 0.15  no_friction =
true
        !---------------------------------------- >>>> 导电杆与衬套之间的接触
        contact create contact_name = (eval("CT_TEST_DDG_"//ipp//"_CT"))  &
        i_geometry_name = (eval("TEST_DDG_"//ipp//".SOLID1")) &
        j_geometry_name = (eval("TEST_CT_"//ipp//".SOLID1")) &
        stiffness = 1.0E+005 damping = 100.0 exponent = 2.2  dmax = 0.15  no_friction =
true
        !---------------------------------------- >>>> 滚轮柱与衬套之间的接触
        contact create contact_name = (eval("CT_TEST_GL_"//ipp//"_CT"))  &
        i_geometry_name = (eval("TEST_GL_"//ipp//".SOLID1")) &
        j_geometry_name = (eval("TEST_CT_"//ipp//".SOLID1")),(eval("TEST_CT_"//
ipp//".SOLID2")) &
        stiffness = 1.0E+005 damping = 100.0 exponent = 2.2  dmax = 0.15  no_friction =
true

        variable set variable_name = ipp integer=(eval(ipp+1))
    else
        variable set variable_name = ipp integer=(eval(ipp+1))
        continue
    end
end
variable delete variable_name = ipp
```

（8）使用以下宏命令为四个炮闩的击针建立击针簧、击针位移测量函数和位移传感器，并建立炮膛合力的载荷曲线，进而建立四个炮膛合力模型，以下是建模宏命令。

```
!-------------------------------------------------------->>>> 建立击针 4 的弹簧模型
marker create marker=.MODEL_1.TEST_JZ_4.M_spr &
   location=3.9220084236,44.8287614141,159.1979968892   orientation=0,0,0
marker create marker=.MODEL_1.TEST_PS_4.M_spr &
   location=3.9220084236,44.8287614141,148.1979968892   orientation=0,0,0
Force create element_like translational_spring_damper &
    spring_damper_name = spring_JZ_spr_4  &
    i_marker_name = .MODEL_1.TEST_JZ_4.M_spr  &
    j_marker_name = .MODEL_1.TEST_PS_4.M_spr  &
    stiffness = 1.5 damping = 0.15 preload = 6.28 &
```

```
    displacement_at_preload = (eval(DM(TEST_JZ_4.M_spr, TEST_PS_4.M_spr )))
! ------------------------------------------------>>>> 建立击针3的弹簧模型
marker create marker = .MODEL_1.TEST_JZ_3.M_spr &
   location = -44.8287614141, 3.9220084236, 58.2319283743   orientation = 0,0,0
marker create marker = .MODEL_1.TEST_PS_3.M_spr &
   location = -44.8287614141, 3.9220084236, 45.5569283743   orientation = 0,0,0
Force create element_like translational_spring_damper &
    spring_damper_name = spring_JZ_spr_3  &
    i_marker_name = .MODEL_1.TEST_JZ_3.M_spr  &
    j_marker_name = .MODEL_1.TEST_PS_3.M_spr  &
    stiffness = 1.5 damping = 0.15 preload = 6.28 &
    displacement_at_preload = (eval(DM(TEST_JZ_3.M_spr, TEST_PS_3.M_spr )))
! ------------------------------------------------>>>> 建立击针2的弹簧模型
marker create marker = .MODEL_1.TEST_JZ_2.M_spr &
   location = -3.9220084236, -44.8287614141, -35.3840794916   orientation = 0,0,0
marker create marker = .MODEL_1.TEST_PS_2.M_spr &
   location = -3.9220084236, -44.8287614141, -46.5590794916   orientation = 0,0,0
Force create element_like translational_spring_damper &
    spring_damper_name = spring_JZ_spr_2  &
    i_marker_name = .MODEL_1.TEST_JZ_2.M_spr  &
    j_marker_name = .MODEL_1.TEST_PS_2.M_spr  &
    stiffness = 1.5 damping = 0.15 preload = 6.28 &
    displacement_at_preload = (eval(DM(TEST_JZ_2.M_spr, TEST_PS_2.M_spr )))
! ------------------------------------------------>>>> 建立击针1的弹簧模型
marker create marker = .MODEL_1.TEST_JZ_1.M_spr &
   location = 44.8287614141, -3.9220084236, 37.9819231925   orientation = 0,0,0
marker create marker = .MODEL_1.TEST_PS_1.M_spr &
   location = 44.8287614141, -3.9220084236, 27.3819231925   orientation = 0,0,0
Force create element_like translational_spring_damper &
    spring_damper_name = spring_JZ_spr_1  &
    i_marker_name = .MODEL_1.TEST_JZ_1.M_spr  &
    j_marker_name = .MODEL_1.TEST_PS_1.M_spr  &
    stiffness = 1.5 damping = 0.15 preload = 6.28 &
    displacement_at_preload = (eval(DM(TEST_JZ_1.M_spr, TEST_PS_1.M_spr )))
! ------------------------------------------------>>>> 炮膛合力(要先于位移测量函数、
! ------------------------------------------------>>>> 位移传感器和炮膛合力模型建立)
data_element create spline          spline = .MODEL_1.PT_F &
   x = 0.0,   2.0E-05,   1.0E-04,   2.0E-04,   3.0E-04,   4.0E-04,
       5.0E-04,   6.0E-04,   7.0E-04,   8.0E-04,   8.6E-04,
       1.0E-03,   1.1E-03,   1.2E-03,   1.5E-03,   1.6E-03,
       1.9E-03,   2.0E-03,   2.3E-03,   2.6E-03 &
   y = 0.0, 1.25807E+04, 1.84551E+04, 2.92906E+04, 4.50636E+04,
       6.60682E+04, 9.0568E+04, 1.14325E+05, 1.32265E+05,
       1.41445E+05, 1.4282E+05, 1.37337E+05, 1.29231E+05,
       1.19946E+05, 9.38665E+04, 8.66941E+04, 6.96037E+04,
       5.67387E+04, 2.5968E+04, 1.44133E+04 &
   linear_extrapolate = yes
! ------------------------------------------------>>>> 建立击针4的位移测量函数
```

```
measure create pt2pt        measure_name = .MODEL_1.JZ_4_DZ &
   create_measure_display = yes &
   from_point = .MODEL_1.TEST_JZ_4.M_spr  to_point =  .MODEL_1.TEST_PS_4.M_spr  &
   characteristic = translational_displacement &
   component = mag
!---------------------------------------------->>>> 建立击针 3 的位移测量函数
measure create pt2pt      measure_name = .MODEL_1.JZ_3_DZ &
   create_measure_display = yes &
   from_point = .MODEL_1.TEST_JZ_3.M_spr  to_point =  .MODEL_1.TEST_PS_3.M_spr  &
   characteristic = translational_displacement &
   component = mag
!---------------------------------------------->>>> 建立击针 2 的位移测量函数
measure create pt2pt      measure_name = .MODEL_1.JZ_2_DZ &
   create_measure_display = yes &
   from_point = .MODEL_1.TEST_JZ_2.M_spr  to_point =  .MODEL_1.TEST_PS_2.M_spr  &
   characteristic = translational_displacement &
   component = mag
!---------------------------------------------->>>> 建立击针 1 的位移测量函数
measure create pt2pt      measure_name = .MODEL_1.JZ_1_DZ &
   create_measure_display = yes &
   from_point = .MODEL_1.TEST_JZ_1.M_spr  to_point =  .MODEL_1.TEST_PS_1.M_spr  &
   characteristic = translational_displacement &
   component = mag
!---------------------------------------------->>>> 建立击针 4 的位移传感器
   executive_control create sensor  sensor_name = .MODEL_1.SENSOR_JZ4    adams_id = 4 &
      function = ".MODEL_1.JZ_4_DZ"  evaluate = "time"  bisection = off &
      time_error = 1.0e-06          compare = "le"     value = 9.5 &
      error = 0.001                 return = "on"  halt = "off"  print = off &
      restart = off                 codgen = off    yydump = off    comments = ""
!---------------------------------------------->>>> 建立击针 3 的位移传感器
   executive_control create sensor   sensor_name = .MODEL_1.SENSOR_JZ3     adams_id =
3 &
      function = ".MODEL_1.JZ_3_DZ"  evaluate = "time"  bisection = off &
      time_error = 1.0e-06          compare = "le"    value = 12.1 &
      error = 0.001                 return = "on"  halt = "off"  print = off &
      restart = off                 codgen = off    yydump = off
 comments = ""
!---------------------------------------------->>>> 建立击针 2 的位移传感器
   executive_control create sensor    sensor_name = .MODEL_1.SENSOR_JZ2     adams_id =
2 &
      function = ".MODEL_1.JZ_2_DZ"   evaluate = "time"   bisection = off &
      time_error = 1.0e-06     compare = "le"     value = 1.0 &
      error = 0.001            return = "on"     halt = "off"     print = off &
      restart = off            codgen = off       yydump = off    comments = ""
!---------------------------------------------->>>> 建立击针 1 的位移传感器
   executive_control create sensor    sensor_name = .MODEL_1.SENSOR_JZ1
 adams_id = 1 &
      function = ".MODEL_1.JZ_1_DZ"  evaluate = "time"   bisection = off &
      time_error = 1.0e-06        compare = "le"       value = 9.15 &
      error = 0.001        return = "on"       halt = "off"     print = off &
      restart = off         codgen = off        yydump = off     comments = ""
```

```
! ----------------------------------------->>>> 将炮膛合力施加在炮闩4上
marker create marker =.MODEL_1.TEST_PS_4.MAR_PTF_1 &
   location =3.9220084236,44.8287614141,142.1229968892   orientation =0.0,0.0,0.0
marker create marker =.MODEL_1.TEST_PS_4.MAR_PTF_2 &
   location =3.9220084236,44.8287614141,142.1229968892   orientation =0.0,0.0,0.0
force create direct single_component_force       &
      single_component_force_name =.MODEL_1.PS_4_PT_F    adams_id =4 &
      type_of_freedom =translational    action_only = on &
      i_marker_name = TEST_PS_4.MAR_PTF_1  &
      j_marker_name = TEST_PS_4.MAR_PTF_2  &
      function ="IF( time - SENVAL(SENSOR_JZ4) -5.0E -3: AKISPL( time - SENVAL(SENSOR_
JZ4),0.0,PT_F,0.0),0.0,0.0 )"
! ----------------------------------------->>>> 将炮膛合力施加在炮闩3上
marker create marker =.MODEL_1.TEST_PS_3.MAR_PTF_1 &
   location = -44.8287614141,3.9220084236,41.5569283743   orientation =0.0,0.0,0.0
marker create marker =.MODEL_1.TEST_PS_3.MAR_PTF_2 &
   location = -44.8287614141,3.9220084236,41.5569283743   orientation =0.0,0.0,0.0
force create direct single_component_force       &
      single_component_force_name =.MODEL_1.PS_3_PT_F    adams_id =3 &
      type_of_freedom =translational      action_only = on &
      i_marker_name = TEST_PS_3.MAR_PTF_1  &
      j_marker_name = TEST_PS_3.MAR_PTF_2  &
      function ="IF( time - SENVAL(SENSOR_JZ3) -5.0E -3: AKISPL( time - SENVAL(SENSOR_
JZ3),0.0,PT_F,0.0) ,0.0 ,0.0 )"
! ----------------------------------------->>>> 将炮膛合力施加在炮闩2上
marker create marker =.MODEL_1.TEST_PS_2.MAR_PTF_1 &
   location = -3.9220084236, -44.8287614141, -50.5590794916  orientation =0.0,0.0,
0.0
marker create marker =.MODEL_1.TEST_PS_2.MAR_PTF_2 &
   location = -3.9220084236, -44.8287614141, -50.5590794916  orientation =0.0,0.0,
0.0
force create direct single_component_force       &
      single_component_force_name =.MODEL_1.PS_2_PT_F    adams_id =2 &
      type_of_freedom =translational    action_only = on &
      i_marker_name = TEST_PS_2.MAR_PTF_1  &
      j_marker_name = TEST_PS_2.MAR_PTF_2  &
      function ="IF( time - SENVAL(SENSOR_JZ2) -5.0E -3: AKISPL( time - SENVAL(SENSOR_
JZ2),0.0,PT_F,0.0) ,0.0 ,0.0 )"
! ----------------------------------------->>>> 将炮膛合力施加在炮闩1上
marker create marker =.MODEL_1.TEST_PS_1.MAR_PTF_1 &
   location =44.8287614141, -3.9220084236,21.3069231925   orientation =0.0,0.0,0.0
marker create marker =.MODEL_1.TEST_PS_1.MAR_PTF_2 &
   location =44.8287614141, -3.9220084236,21.3069231925   orientation =0.0,0.0,0.0
force create direct single_component_force       &
      single_component_force_name =.MODEL_1.PS_1_PT_F    adams_id =1 &
      type_of_freedom =translational    action_only = on &
      i_marker_name = TEST_PS_1.MAR_PTF_1  &
      j_marker_name =TEST_PS_1.MAR_PTF_2  &
      function ="IF( time - SENVAL(SENSOR_JZ1) -5.0E -3: AKISPL( time - SENVAL(SENSOR_
JZ1),0.0,PT_F,0.0) ,0.0 ,0.0 )"
```

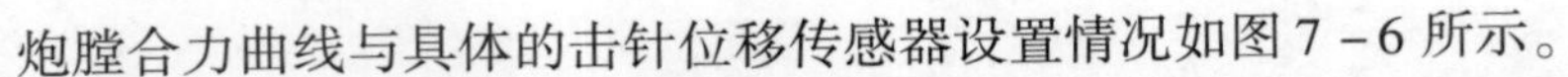
炮膛合力曲线与具体的击针位移传感器设置情况如图 7－6 所示。

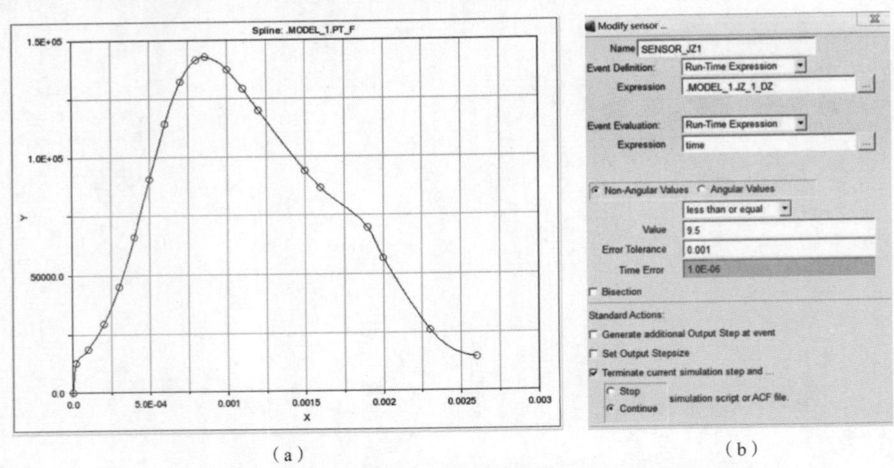

（a）　　　　　　　　　　　　（b）

图 7－6　三连发动力学建模时 Adams 中的相关设置

（a）所施加的炮膛合力；（b）击针 1 的位移传感器设置

（9）转管自动机三连发仿真模型需要在 Adams/View 的 simulation 工具条下建立如下仿真过程控制脚本。该脚本的控制逻辑为：①在仿真开始前，需要将击针 2 的位移传感器和全部的发射载荷失效处理；②设置击针 1 运行到极限位置前（击针 1 位移传感器触发之前）的仿真时间为 0.2 s，击针 1 位移传感器触发后，将击针 1 位移传感器失效处理，并激活第一发的炮膛合力；③设置第一发发射后的运动仿真时间为 0.2 s，并等待击针 4 位移传感器的触发，触发后，将击针 4 的位移传感器失效处理，同时激活第二发的炮膛合力；④设置第二发发射后的运动仿真时间为 0.2 s，并等待击针 3 位移传感器的触发，触发后，将击针 3 的位移传感器失效处理，同时激活第三发的炮膛合力；⑤补充第三发击发后的仿真时间 0.2 s。

```
! ---------------------------------------->>>> 仿真开始之前,将击针 2 的位移传感器
! ---------------------------------------->>>> 和全部的发射载荷失效处理
DEACTIVATE/SENSOR,  ID =2
DEACTIVATE/SFORCE,  ID =4
DEACTIVATE/SFORCE,  ID =3
DEACTIVATE/SFORCE,  ID =2
DEACTIVATE/SFORCE,  ID =1
DEACTIVATE/CONTACT, ID =58
! ---------------------------------------->>>> 击针 1 位移传感器激活后,
! ---------------------------------------->>>> 将第一发发射载荷激活,将传感器失效处理
SIMULATE/DYNAMIC, END =0.20, STEPS =40000
DEACTIVATE/SENSOR, ID =1
  ACTIVATE/SFORCE, ID =1
```

```
! ---------------------------------------->>>> 击针4位移传感器激活后,
! ---------------------------------------->>>> 将第二发发射载荷激活,将传感器失效处理
  ACTIVATE/CONTACT, ID=58
SIMULATE/DYNAMIC, END=0.20, STEPS=40000
DEACTIVATE/SENSOR,  ID=4
  ACTIVATE/SFORCE,  ID=4
! ---------------------------------------->>>> 击针3位移传感器激活后,
! ---------------------------------------->>>> 将第三发发射载荷激活,将传感器失效处理
SIMULATE/DYNAMIC, END=0.20, STEPS=40000
DEACTIVATE/SENSOR, ID=3
  ACTIVATE/SFORCE, ID=3
! ---------------------------------------->>>> 补充一定的仿真时间,完成射击循环
SIMULATE/DYNAMIC, END=0.20, STEPS=40000
```

隐藏不必要的 Part 后，最终所建立的自动机动力学模型如图 7-7 所示。该模型共包含有效部件 34 个、炮弹 3 发、运动副 10 个、弹簧 7 个、接触对 84 个。

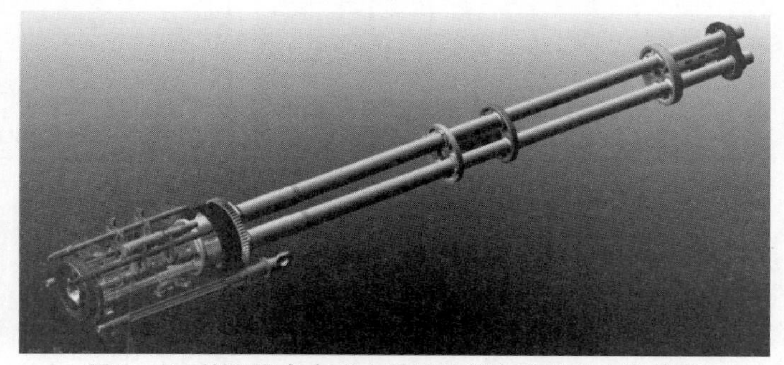

图 7-7 使用宏命令建立的四转管自动机动力学模型

7.2.3 额定驱动力矩下外能源转管自动机的三连发通畅性分析

使用以下宏命令为自动机驱动轴建立旋转驱动力矩、修正重力方向、设置求解器参数，并进行仿真。

```
! ---------------------------------------->>>> 建立自动机驱动轴的旋转扭矩
marker create marker=.MODEL_1.TEST_power_input_gear.MARKER_1888 &
   location= TEST_power_input_gear.cm    orientation= 0.0, 0.0, 0.0
marker create marker=.MODEL_1.TEST_power_input_gear.MARKER_1889 &
   location= TEST_power_input_gear.cm     orientation= .0, 0.0, 0.0
force create direct single_component_force &
    single_component_force_name=.MODEL_1.power_input_T80NM_Z &
    type_of_freedom=rotational &
    action_only = on &
    i_marker_name=.MODEL_1.TEST_power_input_gear.MARKER_1888 &
    j_marker_name=.MODEL_1.TEST_power_input_gear.MARKER_1889 &
    function = "8.0E+004"
! ---------------------------------------->>>> 修正重力方向
```

```
force modify body gravitational gravity = .MODEL_1.gravity &
    x_comp = 0  y_comp = 0  z_comp = 9806.65
force attrib force = .MODEL_1.gravity visibility = no_opinion
! ------------------------------------------------->>>> 设置求解器参数
executive set numerical model = .MODEL_1 integrator = Newmark
! ------------------------------------------------->>>> 设置线程数量
executive_control set preferences thread_count = 10
```

转管自动机三连发分析旨在检验整个自动机在连续供弹和击发过程中是否存在动态卡滞、卡弹等故障。当前仿真结果如图 7-8 所示，发射之前，两发炮弹位于炮闩抓钩之中，

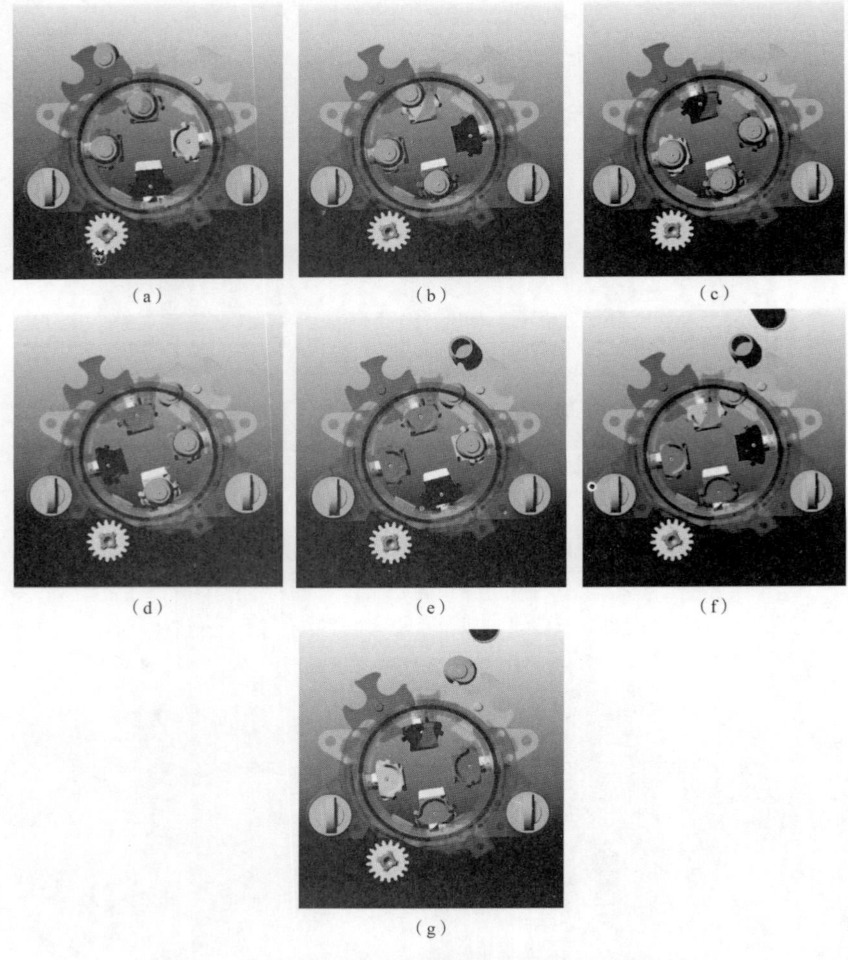

(a)　　(b)　　(c)

(d)　　(e)　　(f)

(g)

图 7-8　转管自动机三连发仿真结果

(a) 发射之前 ($t=0.0$ ms)；(b) 击发炮弹 1 ($t=67.4$ ms)；(c) 击发炮弹 2 ($t=89.9$ ms)；(d) 击发炮弹 3 ($t=108$ ms)；(e) 抛出弹壳 1 ($t=127$ ms)；(f) 抛出弹壳 2 ($t=144$ ms)；(g) 抛出弹壳 3 ($t=163$ ms)

一发炮弹位于进弹拨弹轮的卡槽之中；67. 4 ms 时自动炮发射第一发炮弹，并将炮膛合力向自动机缓冲簧上传递；108 ms 时击发第三发炮弹，此时第一次击发后的弹壳已经被送入出口拨弹轮卡槽之中；163 ms 时全部的弹壳被抛出自动机，此时三连发仿真基本完成。

观察图 7 -9 所示的仿真曲线可以看出，使用脚本控制仿真过程后，所施加的三连发炮膛合力比较平稳；由于该自动炮采用浮动击发原理，因此全炮后坐力和后坐位移逐渐减小；第一次击发后，全炮获得最大后坐位移 10. 8 mm，随后的两次击发都发生在火炮向前复进过程中。从图 7 -9（c）可以看出，浮动击发过程中，全炮最大后坐力约为 2. 2 吨；三次击发过程中击针的突出量均在 1. 1 mm 左右，这和设计值相差不大。

总之，基于当前的仿真结果，可以认为所设计的四转管自动机结构参数合理，能够完成预定的功能。

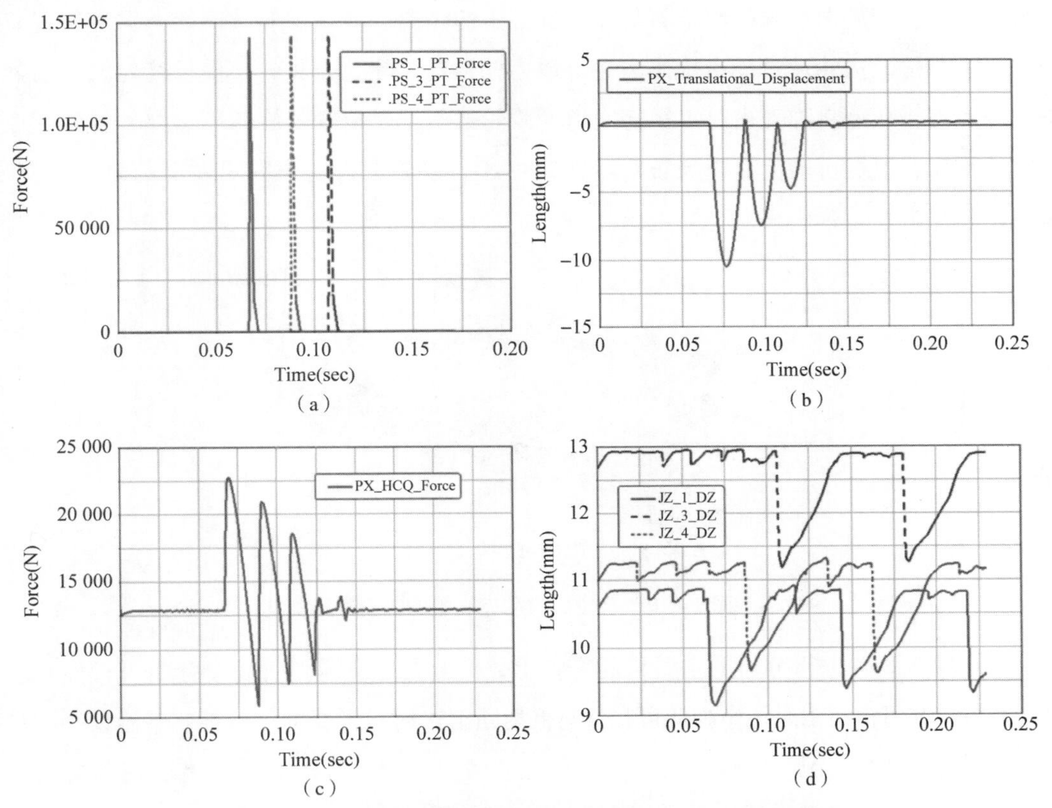

图 7 -9　三连发射击过程中主要零部件的动力学与运动学特性

（a）所施加的炮膛合力；（b）炮箱的位移曲线；

（c）转管自动机的后坐力曲线；（d）3 个击针的位移曲线

7.3 外能源转管自动机前抛壳装置的建模过程与结果分析

7.3.1 前抛壳装置的动力学建模

由于当前轻型高机动防空战车炮塔内部空间有限，所以火力系统只能采用弹壳回收或向前抛壳方案。由于弹壳有序回收装置要设置较长的导引机构才能将弹壳输送回存储弹箱，而这将会大大增加火力系统的复杂性，因此，本次设计打算采用前向强制抛壳方案(以下简称前抛壳装置)。

前抛壳装置主要构成如图 7－10 所示，自动机出口拨弹轮将弹壳或哑弹强制挤入抛壳通道入口后，同旋向拨弹轮组件将弹壳隔开一定的距离，使其按照次序落入抛壳装置垂直通道之中。传动齿轮从自动机炮尾齿轮上取力并转动 6 叶抛壳浆轮，使得浆轮轮齿猛烈撞击弹壳底部，从而将弹壳击打出抛壳通道。浆轮式前抛壳装置的旋转铰点要偏置弹壳底部一定的距离，以尽可能使其轮齿正对着药筒中心；浆轮轮齿的宽度要大于药筒底火直径，以防止意外击发哑弹底火。

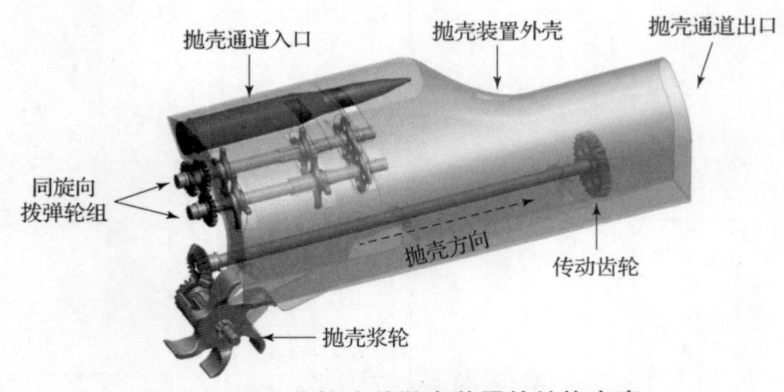

图 7－10 浆轮式前抛壳装置的结构方案

对前抛壳装置进行分析的主要目的是：①分析抛壳通道涌弹时抛全弹的可行性；②分析火力系统高射角射击时抛全弹的可行性与低射角射击时抛弹壳的可行性；③假设存在初始抛弹不畅这类极端工况，即哑弹滞留在前抛壳装置前端时，分析火力系统 0°射角时的抛弹(壳) 特性。

建立前抛壳装置动力学模型时，需准备一份至少包含 6 发炮弹（弹壳）的三维模型。本节基于前文建模过程，继续编写前抛壳装置动力学建模的宏命令，由于这些宏命令和前文宏命令的形式基本相同，因此下面只列出部分建模宏代码。

```
! --------------------------------------->>>> 传动锥齿轮内部零件融合(merge)处理
part merge rigid_body part_name = TEST_PK_CHILUN_M2P5Z30  into_part = TEST_PK_ZHOU_3
part merge rigid_body part_name = TEST_PK_ZHUI_CHILUN_1    into_part = TEST_PK_ZHOU_3
! --------------------------------------->>>> 修正传动锥齿轮内层 Solid 序号
variable create variable_name = ip integer_value = 1
variable create variable_name = ipp integer_value = 1 !
while condition =(ipp <= 2000 )
    if condition =(eval(DB_EXISTS(".MODEL_1.TEST_PK_ZHOU_3.SOLID" //ipp)))
            if condition =( ipp == ip )
                variable set variable_name = ip integer =(eval(ip +1))
            else
                entity modify entity = (eval("TEST_PK_ZHOU_3.SOLID" //ipp)) &
                            new = (eval("TEST_PK_ZHOU_3.SOLID" //ip))
                variable set variable_name = ip integer =(eval(ip +1))
            end
        variable set variable_name = ipp integer =(eval(ipp +1))
    else
        variable set variable_name = ipp integer =(eval(ipp +1))
        continue
    end
end
variable delete variable_name = ipp
variable delete variable_name = ip
! --------------------------------------->>>> 建立传动锥齿轮的旋转副
marker create marker =.MODEL_1.TEST_PK_ZHOU_3.MARKER_5 &
   location = -209.2, -72.0, 450.004148814   orientation =90.0, 90.0, 4.3099614642
marker create marker =.MODEL_1.TEST_CAM_AUX.MAR_PK_ZHOU_3_J &
   location = -209.2, -72.0, 450.004148814   orientation =90.0, 90.0, 4.3099614642
constraint create joint Revolute    joint_name =.MODEL_1.JOINT_PK_ZHOU_3 &
    i_marker_name = TEST_PK_ZHOU_3.MARKER_5 &
    j_marker_name = TEST_CAM_AUX.MAR_PK_ZHOU_3_J
! --------------------------------------->>>> 建立炮弹与传动惰轮之间的接触关系
variable create variable_name = ipp integer_value = 1
while condition =(ipp <= 30 )
    if condition = (eval(DB_EXISTS(".MODEL_1.PD_25G_"//ipp )))
        contact create contact_name = (eval("CT_PD"//ipp//"_GUODU_2"))  &
        i_geometry_name = (eval(".MODEL_1.PD_25G_"//ipp //".SOLID1")) &
        j_geometry_name = TEST_GUODU_BDL_2.SOLID5, TEST_GUODU_BDL_2.SOLID2, &
        stiffness = 1.0E +005 damping = 100.0 exponent = 2.2  dmax = 0.15  no_friction =
true
        variable set variable_name = ipp integer =(eval(ipp +1))
    else
        variable set variable_name = ipp integer =(eval(ipp +1))
        continue
    end
end
variable delete variable_name = ipp
! --------------------------------------->>>> 建立部分传动惰轮之间的接触关系
contact create contact_name = .MODEL_1.CT_ChuanDong_ZHOU_2   type = solid_to_solid &
    i_geometry_name = TEST_DUOLUN_M2Z20_0603_2.SOLID1
    j_geometry_name = TEST_GUODU_BDL_2.SOLID4 &
```

```
    stiffness = 1.0E+05  damping = 10.0  exponent = 2.2  dmax = 0.1  no_friction = true
contact create   contact_name = .MODEL_1.CT_ChuanDong_ZHOU_1    type = solid_to_solid &
    i_geometry_name = TEST_DUOLUN_M2Z20_0603_2.SOLID1
    j_geometry_name = TEST_GUODU_BDL_ZHOU.SOLID4  &
    stiffness = 1.0E+05  damping = 10.0  exponent = 2.2  dmax = 0.1  no_friction = true
! --------------------------------------->>>> 建立炮尾齿轮与传动锥齿轮间的接触关系
contact create  contact_name = .MODEL_1.CT_zdj_gear_PK_small_gear  type = solid_to_solid &
    i_geometry_name = TEST_STAR_GEAR.SOLID1  &
    j_geometry_name = TEST_PK_ZHOU_3.SOLID1 &
    stiffness = 1.0E+05  damping = 10.0  exponent = 2.2  dmax = 0.1  no_friction = true
! --------------------------------------->>>> 设置线程数量、求解总时长与总步数
executive_control set preferences thread_count = 4
    simulation single set update = "none"
    simulation single trans &
    type           = auto_select  &
    initial_static = no     &
    end_time        = 0.25  &
    number_of_steps = 30000
```

最终所建立的前抛壳装置动力学模型如图 7 – 11 所示。

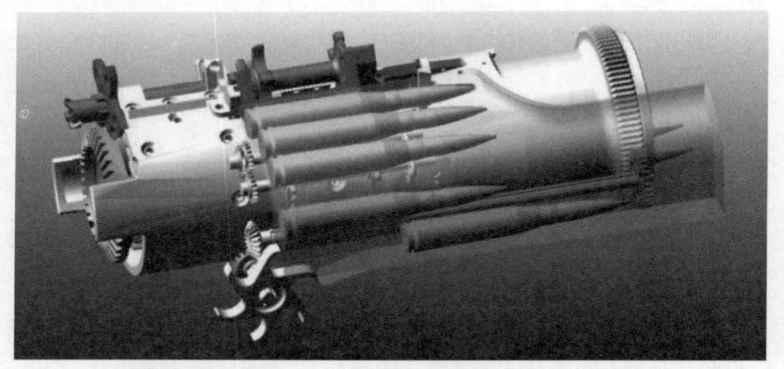

图 7 – 11　前抛壳装置的动力学模型（身管组等零部件被简化处理）

7.3.2　前抛壳装置动力学仿真的结果分析

7.3.2.1　工况 1：抛壳通道涌弹时抛全弹的仿真

抛壳通道存在涌弹时，桨轮式前抛壳装置的仿真结果如图 7 – 12 所示，在理想情况下，若前一个桨轮轮齿平直的一侧托住下降炮弹的底缘后，后一个轮齿前端将撞击炮弹底部，并将炮弹推出抛壳通道。通过设置传动机构的传动比为 3.0、设计抛壳桨轮的直径为 128.0 mm，则当发射速度为 4 ××× 发/分时，桨轮轮缘的线速度为 16.75 m/s；假设抛出物体不和其他物体碰撞，则理想状态下抛出物体的速度为 16.75 m/s。因此，我们通过合理设计桨轮结构参数和传动比，可以使桨轮轮齿逐次撞击药筒底部，从而将炮弹抛出抛壳通道。

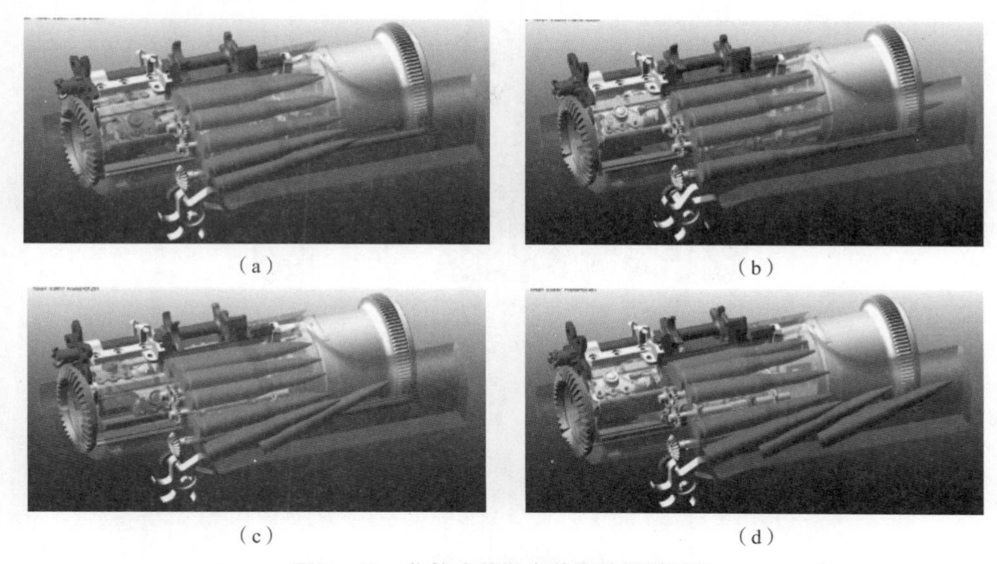

（a）　（b）

（c）　（d）

图 7－12　浆轮式前抛壳装置的抛弹过程

（a）仿真之初炮弹进入抛壳通道；（b）浆轮撞击第一发炮弹；

（c）浆轮撞击第二发炮弹；（d）浆轮撞击第三发炮弹

7.3.2.2　工况 2：高射角时抛全弹和负射角时抛弹壳仿真

从以上两个特殊工况的仿真结果来看，两种情况下前抛壳装置均可以将哑弹或弹壳抛出通道，不同高低角时的强制抛弹和抛壳情况如图 7－13 所示。＋87°射角时，哑弹的出口速度比较高，均在 15 m/s 以上，这说明哑弹和通道的接触和碰撞较少；－7°射角时的抛壳速度较低，约为 13 m/s，原因在于弹壳被击打后，弹壳底部和通道底板有较多次接触和碰撞。哑弹被抛出的速度和弹壳的速度有一定差别，这是因为哑弹比较细长，且弹丸的卵形部有利于炮弹在通道内的平滑运动，但总体来说，二者速度变化趋势基本相同。

7.3.2.3　工况 3：存在一发哑弹滞留抛壳通道时的抛全弹仿真

为了考验整个前抛壳装置的容错程度，假设事先有一发哑弹滞留在抛壳通道内时自动机再次射击。对该极端工况进行建模，其初始构型与仿真结果如图 7－14 所示。从图 7－14（b）和（c）可以看出，如果有一发哑弹（浅色）堵在抛壳通道的前端，则第一发被浆轮抛出的炮弹（深色）会推挤滞留的炮弹，进而通过炮弹之间的相互碰撞或挤压作用，将炮弹全部推出通道。如图 7－14（d）所示，初始滞留的炮弹被抛出通道后的最终平动速度为 18.1 m/s，第二发炮弹的速度为 10 m/s，这说明当前浆轮式抛壳装置有一定的容错性。

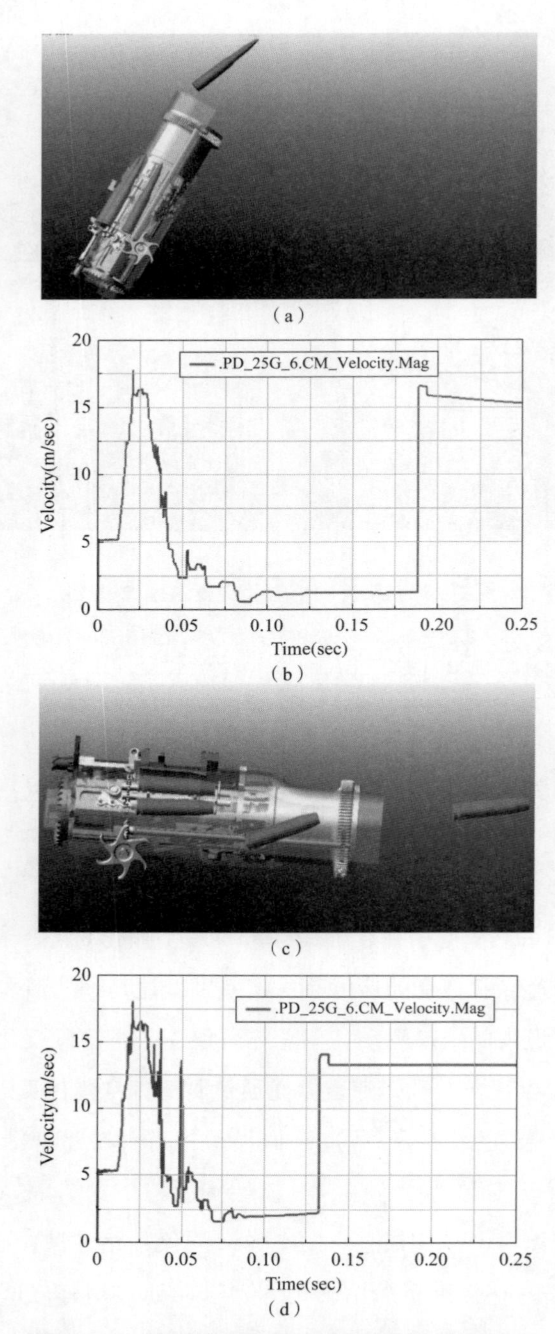

图 7-13　不同高低角时的强制抛弹和抛壳情况

（a）+87°射角时的抛哑弹情况；（b）+87°射角时哑弹被抛出时的速度；

（c）-7°射角时的抛弹壳情况；（d）-7°射角时弹壳被抛出时的速度

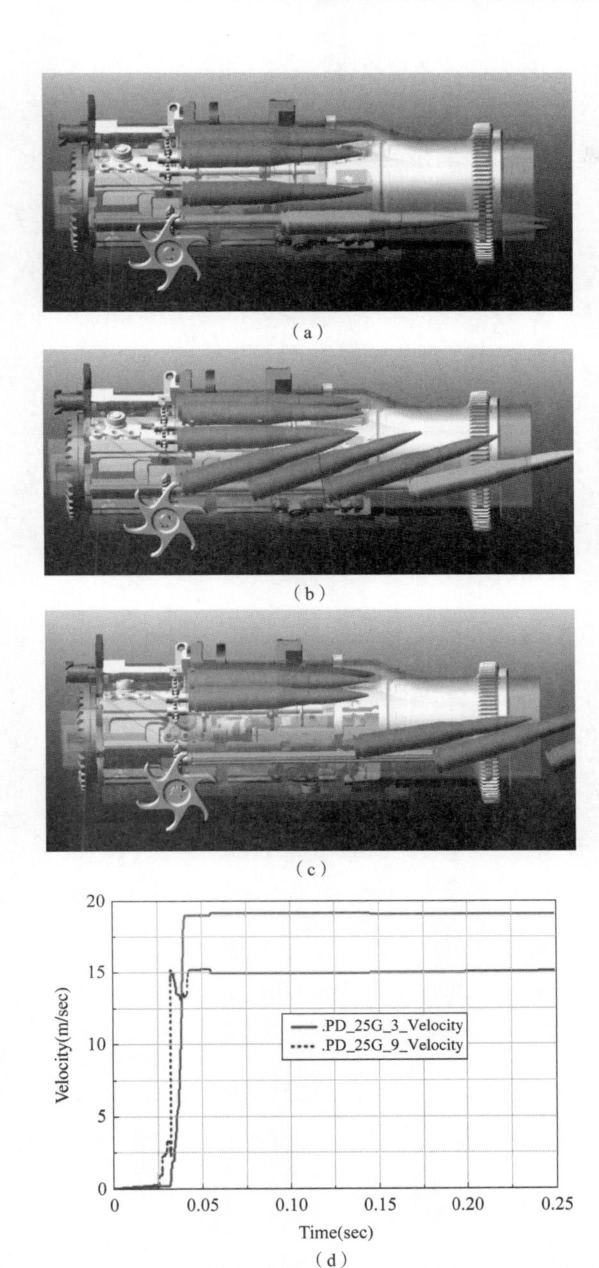

图 7－14　存在初始抛弹不畅时的强制抛弹仿真

（a）存在初始抛弹不畅时的情况；（b）二次射击后滞留炮弹被挤出通道；
（c）二次射击后大量炮弹被抛出通道；（d）首发滞留哑弹与第二发被抛出炮弹的速度

总之，浆轮式前抛壳装置结构简单、抛弹（抛壳）过程可靠，我们通过合理设置结构参数和传动比可以将其用于车载炮的火力系统之中。

参考文献

[1] 丁传俊，任燕，邓琴江，等. 国外小口径自动机供补弹技术原理解析 [M]. 北京：北京理工大学出版社，2022.

[2] VOILLOT HERVE [FR]. Apparatus for conveying cylindrical objects such as ammunition：美国，US4434701 (A) [P]. 1984 - 03 - 06.

[3] Rune Svanstrom. Magazines：美国，US4798123 (A) [P]. 1989 - 01 - 27.

[4] PANICCI ELIO W，CLARK HARLAN C. Combined continuous linkless supplier and cartridge feed mechanism for automatic guns：美国，US2993415 (A) [P]. 1961 - 07 - 25.

[5] DIX JOSEPH，CAMPBELL NORMAN，TONSETH JR IVAR SCOTT. Structure for article handling systems：美国，US4004490 (A) [P]. 1977 - 01 - 25.

[6] KIRKPATRICK ROBERT G. Structure for article handling systems：美国，US4005633 (A) [P]. 1977 - 02 - 01.

[7] KLAUS DIETER KRAUSE，HANS HAFELI，MICHEAL GERBER. Ammunition Feed System With An Automatic Cluth：美国，US7669512 (B2) [P]. 2010 - 03 - 02.

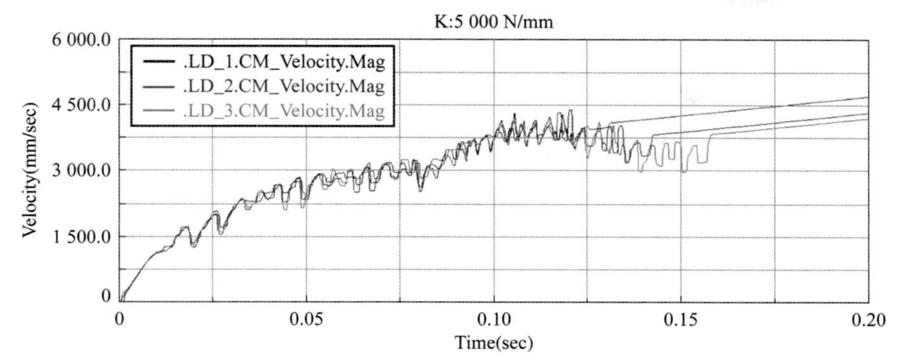

图 3-9　弹簧卡片刚度为 5 000 N/mm 时的炮弹速度曲线

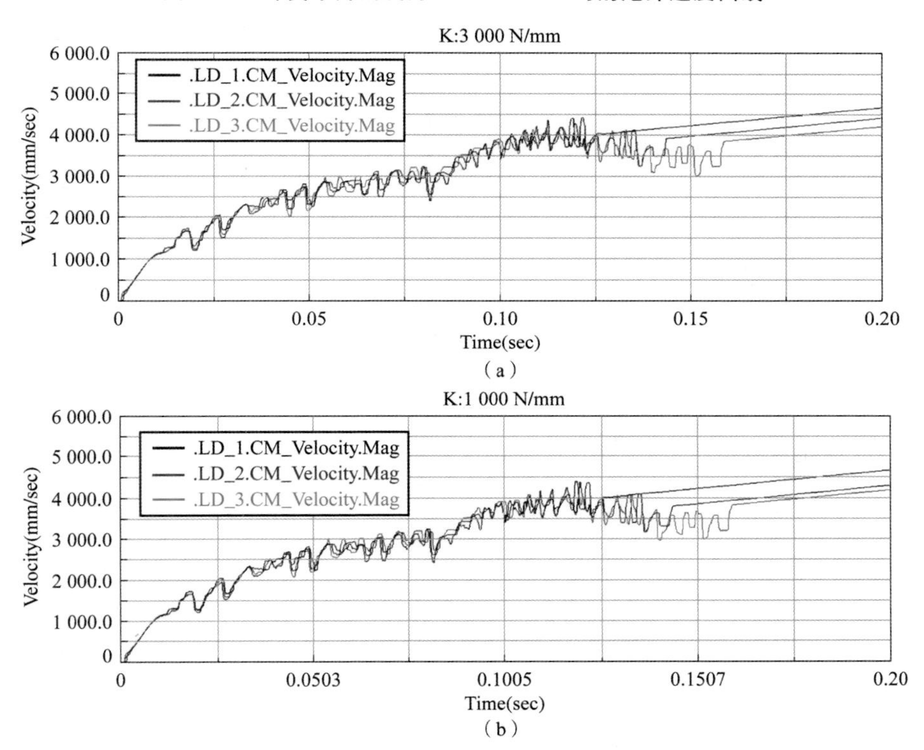

图 3-10　不同链条弹簧卡片刚度的炮弹速度曲线

（a）弹簧卡片刚度为 3 000 N/mm；（b）弹簧卡片刚度为 1 000 N/mm

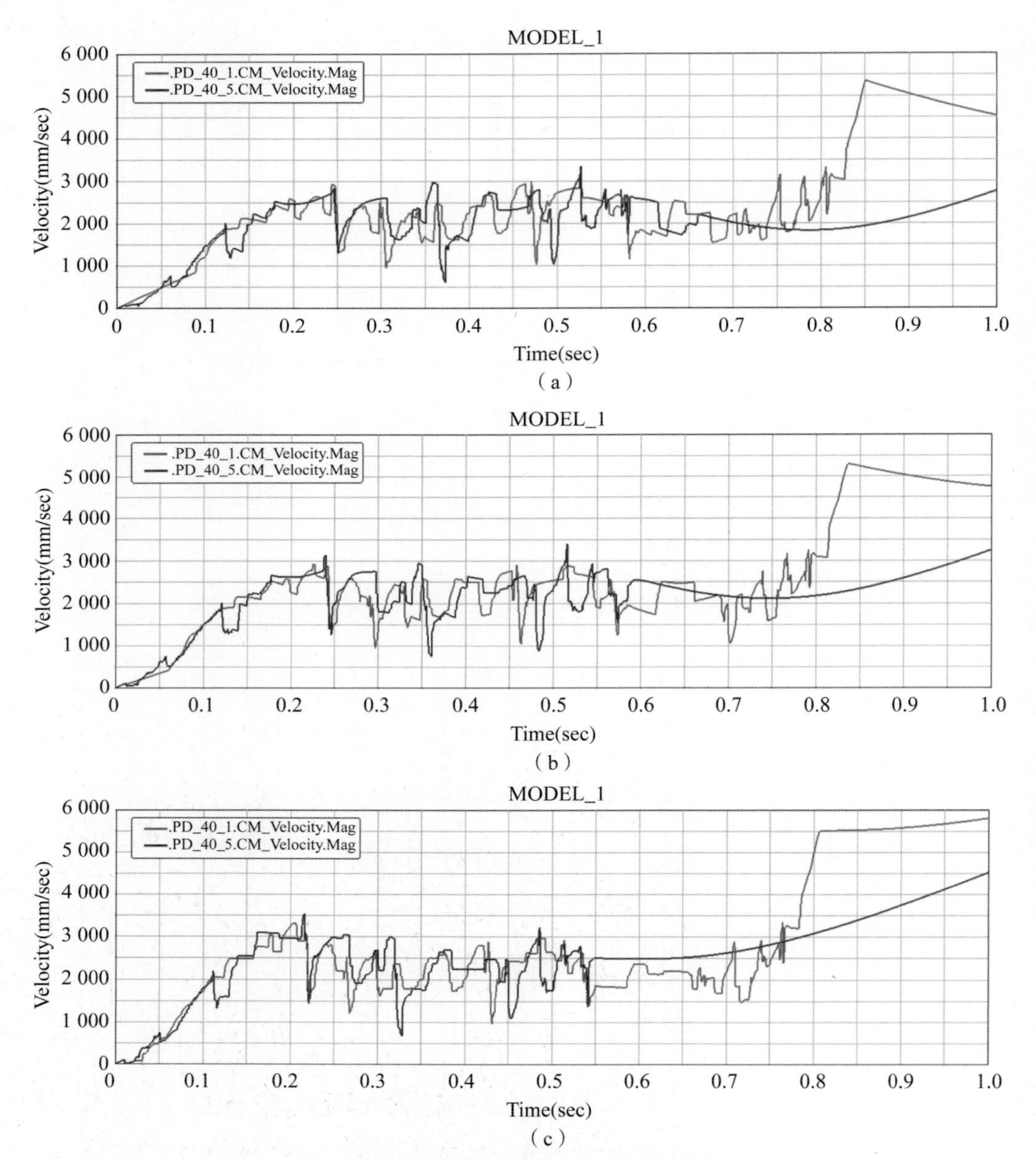

图 4-7　不同射角情况下炮弹传输特性分析

（a）0°射角；（b）45°射角；（c）90°射角